卫星导航基础产品设计与测试

高为广　国　际　王　田　崔晓伟　石善斌　编著

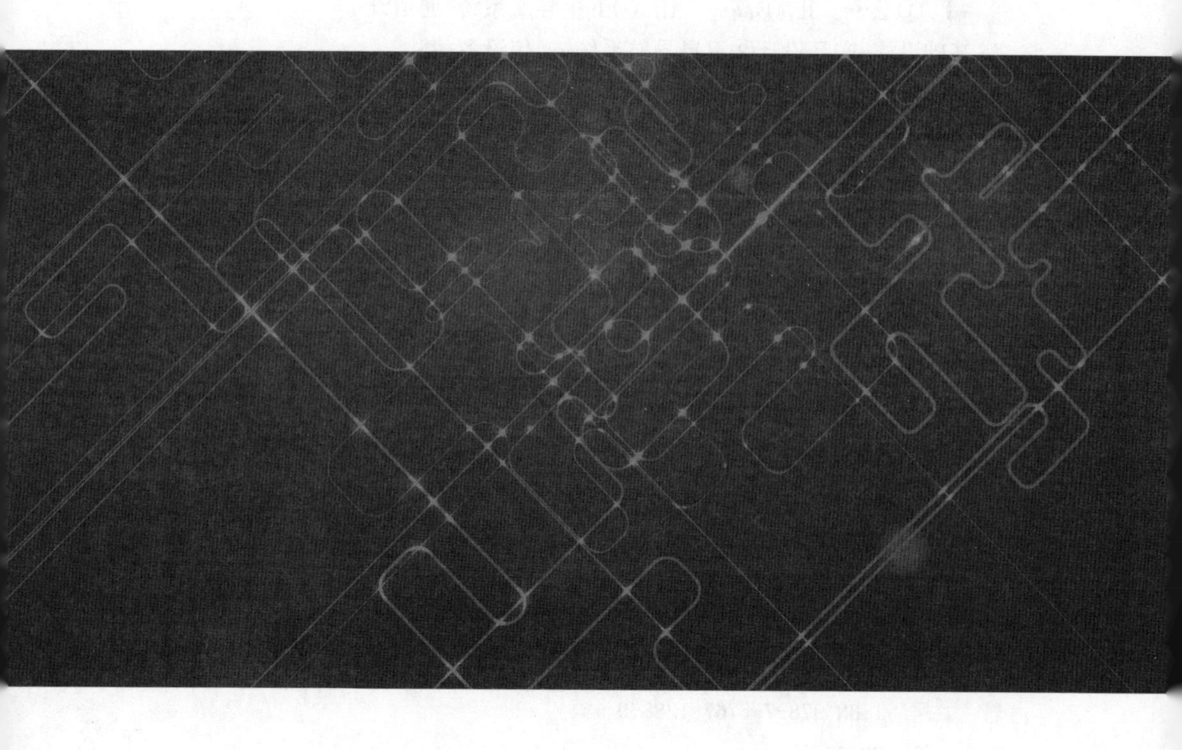

哈爾濱工業大學出版社

内 容 简 介

本书主要内容包括：卫星导航基础产品发展情况、型谱与设计要求、关键技术、导航芯片测试方法、高精度模块测试方法、宽带射频芯片测试方法、天线测试方法和北斗基础产品应用。

图书在版编目（CIP）数据

卫星导航基础产品设计与测试 / 高为广等编著. —
哈尔滨：哈尔滨工业大学出版社，2024.3
ISBN 978-7-5767-1288-9

Ⅰ. ①卫…　Ⅱ. ①高…　Ⅲ. ①卫星导航系统-通信设备-基础设施-产品设计②卫星导航系统-通信设备-基础设施-测试　Ⅳ. ①TN967.1

中国国家版本馆CIP数据核字（2024）第062019号

策划编辑　闻　竹
责任编辑　杨　硕
封面设计　灵　格
出版发行　哈尔滨工业大学出版社
社　　址　哈尔滨市南岗区复华四道街10号　　邮编 150006
传　　真　0451-86414749
网　　址　http://hitpress.hit.edu.cn
印　　刷　哈尔滨市颉升高印刷有限公司
开　　本　787mm×960mm　1/16　印张 13　字数 180千字
版　　次　2024年3月第1版　2024年3月第1次印刷
书　　号　ISBN 978-7-5767-1288-9
定　　价　78.00元

序

卫星导航具有全天候、高精度和低成本等独特优势，现已成为世界各航天大国经济社会发展和国防领域建设的时空基础设施，广泛融入大众消费、共享经济、民生领域和行业领域，赋能千行百业，成为经济社会信息化、数字化、智能化发展的核心支撑。得益于当前社会经济持续稳定发展和科技创新能力大幅提升，世界各主要航天大国均在加快建设、部署和优化卫星导航系统，已为用户提供连续、可靠、高性能的信息服务。

卫星导航产业链大体可分为：上游是基础产品的研制和销售等，主要包括基础器件、基础软件、基础数据等；中游是各类终端集成产品和系统集成产品的研制和销售；下游是基于各种技术和产品的应用及运营服务。其中，产业链上游的芯片、模块、天线等基础器件是中游和下游的基础，在卫星导航产业中占据主导地位，其性能直接决定用户体验和使用效能，也是产业自主可控的关键环节。

通过近二十年的攻关研制，我国现已形成比较完整的卫星导航基础产品型谱，为用户提供具备导航定位、星基增强、地基增强、精密单点定位、组合导航等功能的基础产品，满足手机、可穿戴式设备、车载导航和车载监控、测量测绘、精准农业等大众消费类或行业应用需求。针对卫星导航基础产品的设计实现与测试方法是保障卫星导航产业健康高质量发展的根基。

本书作者团队，是北斗系统基础产品总体设计与研究团队的骨干力量，长期从事卫星导航基础产品研究、产品测试与认证、应用推广与产业化等工作，他们对卫星导航基础产品的基本架构、关键技术和测试方法等具有多年研发经验。本著作在全面梳理当前卫星导航基础产品发展现状趋势的基础上，对卫星导航基础产品型谱做了全面阐述，对各类产品指标要求及测试方法作了清晰描述。本书内容丰富，概念清晰，科学性与实用性强，对卫星导航应用从业者系统了解卫星导航基础产品设计、主要指标和测试方法具有重要的学术参考价值，也有助于用户更便捷地了解卫星导航基础产品功能性能和用途。

中国工程院院士

前　言

卫星导航系统事关国计民生，对人们日常工作和生活产生了重要影响。2018年12月，我国正式宣布北斗系统开始提供全球服务，这对民用卫星导航市场蓬勃发展起到了巨大的推动作用。

民用卫星导航市场可细分为大众消费类市场和专业应用市场两大领域。消费类市场主要面向大众用户的应用，例如手机导航、车载导航、位置服务等，对定位精度的要求为米级；而专业应用市场则面向特定用途的应用市场，例如测绘测量、地理信息、地质灾害监测、精密施工与机械控制、精细农业耕作等，对定位精度的要求涵盖分米级、厘米级和毫米级，因此通常也被称为高精度应用市场。高精度设备除了提供更高的卫星导航信号测量精度以外，还需要支持差分校正、精密星历等辅助信息的输入和高精度处理算法，这意味着高精度应用相比于大众消费类应用具有更高的技术门槛。

测绘测量是最早的，也是最具代表性的全球卫星导航系统（GNSS）高精度应用领域，其对定位精度的要求为厘米级甚至毫米级。在过去二十余年时间里，测绘技术经历了从光学通视向大规模应用GNSS技术的转变，测绘测量的作业效率和质量得到了显著的提升；同时，对更高测绘性能和效率的要求也在不断推动着高精度测量技术的发展。当前，越来越多的信息化建设项目需要依托于高精度测量产品的支撑，地理信息采集、航空测绘、卫星测绘、自然环境监测等都需要有较高精度的位置信息作为基础。高端的测绘测量产品被广泛应用到高精度连续运行参考站（CORS）站、大型工程测绘等关系到国家经济安全、国防安全、国土安全和公共安全的领域中。从保障我国卫星导航产业安全和国家信息安全的需求出发，迫切需要实现卫星导航基础产品的国产化和自主可控。

随着社会经济不断发展，对高精度定位的需求已经从传统的测量测绘领域扩展到精准农业、工程机械控制、形变监测、智能交通、智慧港口码头场站、车船载定向、手持地理信息系统（GIS）设备等众多领域。应用领域的持续扩大和北斗系统运行服务结合在一起，为国产 GNSS 高精度产品提供了一个极好的市场机遇：一是高精度设备出货量有望向百万甚至更高量级增长，势必要求高精度设备由原来的高端专用设备形态向低端通用设备大步发展，芯片化、智能化等新产品研发方案将替代传统面向测绘领域的设计方案。二是“高端低用”并不代表对产品性能要求的降低，面向传统测绘测量应用的产品并不能完全满足非测绘领域应用所面临的复杂场景、高动态、实时性等要求，其中蕴含着相当大的技术创新空间。三是北斗全球系统服务在一定时段内，为国产高精度设备提供了区别于国外产品的差异化特征和更好的性能。

通过近二十年的攻关研制，国内厂家掌握了一批卫星导航应用所涉及的关键核心技术，我国已建成了比较完整的北斗产业链，主要包括基础产品、终端、应用系统，以及体系服务等。其中，基础产品是产业自主可控的关键环节。随着北斗三号系统正式提供全球服务，基本服务性能稳中有升，集多种服务功能于一体的北斗特色应用服务体系正在形成；北斗基础产品已经实现性能、工艺跨越发展，性价比与国际主流产品相当，具备市场化和规模化应用条件，国产北斗兼容型芯片模块销量超过亿级规模，广泛应用于我国经济社会各行各业，并在全球一半以上国家和地区得到应用。

作　者

2023 年 12 月

目　录

第一章 卫星导航基础产品发展情况

卫星导航基础产品是组成卫星导航设备的重要基础，主要有导航芯片及模块、射频芯片、天线等。随着卫星导航系统的不断发展，基础产品面向全球的高精度定位需求正在快速增长。

1.1 导航芯片及模块

国外民用卫星导航芯片的发展始于 1994 年；2002 年前后，在弱信号捕获和跟踪灵敏度、快速捕获等方面实现突破性提升后达到了产业化水平；2004 年在 SiRF 公司发布第三代芯片 SiRFstar Ⅲ后，面向民用的 GPS 应用得到了迅速的普及。目前，国际上在卫星导航芯片领域领先的企业主要包括 Qualcomm（高通）、Broadcom（博通）、CSR（2009 年 CSR 收购 SiRF）、MTK、u-blox 等。

近年来，随着移动通信和卫星导航融合趋势不断加深，卫星导航的主要市场从车载导航、授时等专用卫星导航设备转移到以智能手机、平板电脑为代表的消费类领域，国外卫星导航芯片企业的格局也发生了相应的变化。首先，独立的以卫星导航为主业的芯片企业日趋式微。以 GPS 芯片发展过程中著名的 SiRF 公司为例，在 2007 年以 2.83 亿美元价格收购掌微后，2009 年就以 1.36 亿美元的抄底价被英国蓝牙设备厂商 CSR 公司收购，而 CSR 的连接与定位部门又于 2012 年 7 月被三星以 3.1 亿美元的价格收购。u-blox 是目前国际上以卫星导航为主业的芯片企业的代表。另外，高通、博通、MTK 等手机芯片厂商依托手机终端的巨大出货量优势，通过收购兼并、自主研发等方式逐渐成为卫星导航芯片领域的主导者，占据了绝对优势。据 ABI Research 数据显示，最大的手机芯片厂商高通占据了接近 6 成的市场份额，遥遥领先于其他厂商。位居第二位的博通则是 Wi-Fi 芯片和手机芯片市场的领先者。CSR 的连接与定位部门排名第三。

随着移动通信和卫星导航融合趋势的不断加深，卫星导航芯片的形态也在不断地演进变化。目前，卫星导航芯片主要以如下几种形式存在：

- 独立的导航射频芯片和基带芯片，其中射频芯片以 Maxim 公司的 2769 芯片为代表，而目前国际大厂推出的独立的导航基带芯片则很少见。
- 独立的导航射频基带一体化芯片，包括下述各公司最新推出的支持 GPS、BDS、GLONASS 接收的导航芯片：u-blox 的 M8030、MTK 的 MT3333 和 CSR 的 SiRFStar Ⅴ。
- 将导航基带与多媒体、应用处理器等集成的 SOC 芯片，主要面向车载导航市场，以 CSR 公司的 Atlas Ⅵ/Prima Ⅱ 为代表。
- 将导航基带与 Wi-Fi、Bluetooth、FM、NFC 等集成的连接型 SOC 芯片，被称为 Combo 芯片，主要面向手机、平板、穿戴式设备等消费类市场，以 Broadcom 公司的 BCM47531 为代表。
- 将导航基带集成到通信基带或应用处理器中的芯片，主要面向手机市场，以 Qualcomm 公司的 Snapdragon800 IZat Gen8B 为代表。

博通、u-blox 和联发科均推出了射频基带一体化的独立导航芯片形态的产品，而高通和联发科则已经将包含北斗在内的卫星导航功能整合在其基带芯片产品中。前者通用性强，可以与任何需要导航的平台进行搭配，偏向在消费电子领域；后者性价比强，比较专注手机、平板电脑等市场。两者形态相互补充，均有各自的生存空间。

在独立导航芯片方面，2013 年初，联发科首发 40 nm 的导航芯片 MT3332/MT3333 是一款兼容北斗系统（BDS）的五合一全球卫星导航系统接收器芯片化解决方案。随后 CSR、u-blox、高通纷纷跟进，推出分立或集成的方案。此后，另一家海外巨头博通也加入竞争行列，2013年下半年推出具有北斗功能40 nm的五合一芯片 BCM47531。该芯片能够同时使用从五个卫星系统（GPS、GLONASS、QZSS、SBAS和BDS）发出的信号来产生定位数据。它采用了博通广泛配置的架构平台和定位型服务（LBS）技术，缩短了“首次定位时间”（TTFF），可以让智能手机快速定位，初次定位时间只需几秒，并迅速提供导航地图数据。在新加入北斗星座之后，增加了可供智能手机使用的卫星数量，提高了导航精度，尤其是在性能会受建筑和掩体影响的城区，效果更为明显。博通还推出自有的LTO(Long Term Orbit)服务，为终端提供未来7～30 天的预估星历，来帮助终端实现更快的定位。

在融合导航的基带芯片方面，联发科推出的手机处理器 MT6595，第一个采用了 ARM 刚刚宣布的新款内核架构 Cortex-A17，同时也是全球第一款真八核的4G LTE 智能手机单芯片方案。无线方面，是首个支持5G Wi-Fi 802.11ac 的联发科平台，同时支持低功耗蓝牙、ANT+，导航全面支持 GPS、GLONASS、BDS、GALILEO、QZSS。而高通最新骁龙410芯片组是领先的64位处理器，集成了4G LTE和3G蜂巢式联网功能，适用于全球各种主流模式与频带，同时支持双卡和三卡。并且搭配了自有的RF360整体解决方案，具备多频多模支持功能，搭配的联网功能芯片组也相当高规，包括 Wi-Fi、蓝牙、FM 和 NFC 功能，并支持所有的主要卫星导航系统，包括 GPS、GLONASS 和 BDS。

目前国际卫星导航芯片的主流工艺水平不低于 40 nm，其中与手机通信基带集成芯片的工艺已达到28 nm或者更小级别。

国际主流射频基带一体化导航芯片的主要性能参数如表 1-1 所示。

表 1-1　国际主流射频基带一体化导航芯片的主要性能参数

型号	M8030	MT3333	BCM47531
公司	u-blox	MTK	Broadcom
工艺	40 nm，射频基带一体化		
接收信号类型	GPS、QZSS、BDS、GLONASS、SBAS、GALILEO 可同时接收双系统	GPS、QZSS、BDS GLONASS、SBAS GALILEO 可同时接收双系统	GPS、QZSS、BDS GLONASS、SBAS 可同时接收三系统
灵敏度	跟踪：−167 dBm 重捕获：−160 dBm 冷启动：−148 dBm 热启动：−156 dBm	跟踪：−165 dBm 冷启动：−148 dBm 热启动：−163 dBm	
最高定位频度	单系统：18 Hz 双系统：10 Hz	10 Hz	
抗干扰	主动连续波干扰检测和消除	支持多达 12 个连续波干扰的消除	采用了先进的数字信号处理功能，可以抑制干扰，在 LTE 传输过程中实现良好的卫星信号搜索和跟踪
A-GNSS 支持	在线辅助 离线辅助（达 35 d） 自主辅助（达 6 d）	EPO™/HotStill™ 长期轨道预测 EASY™ 自主轨道预测	自有 LTO 服务，提供未来 7～30 d 的预估星历，帮助终端实现更快的定位
功耗	17.5 mA @ 3.0 V（单系统，连续模式） 24.5 mA @ 3.0 V（双系统，连续模式） 8.0 mA @ 1.4 V（省电模式，1 Hz 更新） 4.5 mA @ 3.0 V（省电模式，1 Hz 更新）	GPS+GLONASS： 37 mW（捕获模式） 27 mW（跟踪模式） 3.0 mW（AlwaysLocate）	低功耗跟踪模式下，电流只有十几毫安

针对传统测绘领域高精度应用的需求，我国支持研制了具有自主知识产权的可接收BDS三频/GPS三频的多模多频高精度模块/板卡产品，并实现了基带信号处理部分的芯片化。国内导航芯片厂商相继推出了支持BDS三频/GPS三频/GLONASS双频的三系统8频模块/板卡产品，并迅速在智能驾考等高精度应用新兴市场上抢占了一定的市场份额。

1.2 宽带射频芯片

随着2017年12月27日我国北斗卫星导航系统ICD文件对外公布，以Trimble和NovAtel为代表的国外主流高精度设备厂商迅速发布了支持BDS、GPS、GLONASS的多模多频高精度模块产品。同时，为了应对包括GPS现代化、GLONASS复兴、BDS和GALILEO建设等GNSS系统层面的变化，满足更为多样、复杂的GNSS高精度使用需求，国内外主流厂商纷纷启动了新一代的多模多频高精度芯片、模块设计研发。新一代高精度基带芯片和射频芯片通过支持高达数百个跟踪通道、支持所有系统所有频点、支持新信号体制，具有更强的跟踪能力和测量性能，具有和惯导组合的能力，可显著提升定位精度、可靠性和可用性性能，可形成更小尺寸、更低功耗、更高集成度的模块。

从国外高精度卫星导航设备产业链上来看，目前并没有专门面向GNSS高精度应用的射频芯片商业化产品。但通过分析各主流厂商推出的模块产品，其所具有的低功耗、小尺寸、全系统全频点接收能力、对新频点信号的灵活可配置性以及对宽带导航信号的接收处理能力等特征表明，NovAtel和Trimble等主流高精度模块公司一定具有定制的面向高精度应用的宽带射频芯片。

2015年前，国内高精度模块/板卡的射频方案主要是基于多片Maxim公司

Maxim2769 单通道射频芯片实现的。每个 2769 芯片负责接收处理一个频点的导航信号，所以 3 系统 8 频板卡就需要 8 片 2769 芯片。由于是基于国外单通道射频芯片的实现，一方面也不能满足未来高精度应用对模块小型化、低功耗、高性能的要求，另一方面也存在着产业安全风险。考虑到上述问题，从 2015 年以来，国内几家主要模块和射频芯片厂家基于自身产品发展和产业的需要，自发开展了宽带射频芯片的研制工作。截至目前，已有和芯星通、合众思壮、广州润芯、中电 24 所等单位研制并推出了宽带射频芯片产品。

宽带射频芯片需要面对各大卫星导航系统新信号体制要求和客观存在的各厂家高精度模块设计实现技术路线多样性，确定其研制路线存在一定困难。

一是高精度模块对射频芯片的要求不同于普通导航型终端。高精度模块或接收机通常需要接收多个系统多个频点的导航信号，不同于普通导航应用终端对射频芯片的要求。为了保证更好的伪距测量精度和多径抑制性能，高精度模块需要射频芯片具有足够的带宽覆盖全部可能接收的信号，或者射频芯片应具有足够多的通道分别处理不同频点的信号。以 GPS L1C/A 码信号为例，高精度模块中通常需要双边带 18～20 MHz 的信号带宽；但通常导航型射频芯片对 L1C/A 的接收带宽为 4 MHz。

二是现阶段国产高精度模块射频方案不能满足性能提升乃至产业安全的要求。国产高精度模块的射频单元基于 Maxim2769 芯片来实现。实际上，该射频芯片并不是专门针对高精度需求研制的，由于其为了接收 GLONASS 信号而提供了一种零中频 18 MHz 带宽的接收模式，因此该芯片恰好满足高精度模块对射频通道带宽的基本要求。

但基于该款芯片进行的多模多频高精度模块设计仍然存在诸多问题：Maxim2769 芯片是单通道的，为了支持多系统多频点信号接收能力，例如三系统 8 频点高精度模块，需要使用多达 8 个的芯片，无法实现进一步小型化、低功耗设计；由于 Maxim2769 芯片自身设计限制，其无法支持模块性能的进一步提升，例如为支持 L2、L5、B3 等频段信号的接收，需要增加上变频电路；Maxim2769芯片最大支持带宽为18 MHz，对高阶BOC、AltBOC等新的宽带信号体制无法支持；Maxim2769芯片仅提供2 bit数字中频输出，无法支持模块抗窄带干扰能力的实现。

三是宽带高精度射频芯片的研发难度和当前高精度市场容量有限之间存在的矛盾。由于各大卫星导航系统均处于现代化建设阶段，不断出现了新的频点和信号，这就要求射频芯片能够具有一定的灵活性可以支持新信号的接收。为了支持高精度模块所需的多频点、多通道、大带宽，同时还要满足低功耗要求，宽带高精度射频芯片需要使用较高的设计工艺，技术开发难度和前期研发投入大。

1.3 高精度天线

天线作为感应接收导航系统卫星发射导航信号电磁波的装置，是每个卫星导航接收设备必需的组成单元，天线性能的优劣是决定卫星导航终端性能指标的关键因素。

1.3.1 主流 GNSS 天线技术

目前主流的GNSS天线技术主要包括微带贴片、四臂螺旋和PIFA等。

一是微带贴片天线，该型天线是在薄介质基片一壁贴金属薄层，另一壁做成固定外形贴片，馈电由同轴探针或微带线实现。这类天线具备低剖面特性和可实现高稳定的相位中心，在高精度测量领域被广泛应用。

二是四臂螺旋天线，该型天线通常由四根金属管线制作成螺旋状，馈电由同轴线实现，同轴心线连接螺旋线，同轴外线与接地金属网连接。四臂螺旋式天线拥有全向 360° 的接收能力，因此在应用到平板、移动 GIS 等手持设备时，无论平板摆放位置如何，皆能接收到卫星导航信号，这就突破了使用微带贴片天线时必须平放才能较好接收信号的限制。采用高介电常数材料可以使得四臂螺旋天线体积更小，使其可以满足终端设备小尺寸的需求，但加载介质后其质量增加。

三是 PIFA 天线，该型天线主要用作手机内置主通信天线，辐射体采用平面辐射单元，利用一个大的地面作为反射面，接地和馈电点在辐射体的两个引脚上。

不同天线特点比较如表 1-2 所示。

表 1-2　不同天线特点比较

天线类型	结构特点及优势	不足	应用方向
微带贴片天线	低剖面，形状规则，结构简单，易于共形；馈电简单，制作容易，成本较低；易实现圆极化	带宽较窄；波束不够宽，天线接收角度受限；应用中需要某种形式的反射板，质量较重	在车载监控和车载导航两大主流行业市场大规模应用
四臂螺旋天线	天线呈心形方向图，波瓣宽度很宽，宽波束宽带轴比很小；低仰角的增益及圆极化特性优良，天线接收角度随意；不需要反射板，良好的前后比；近场极小，受周围物体影响小；圆柱形，体积较小，质量轻，低成本	顶点增益较低，带宽性能一般；不适合应用于多路径干扰严重的环境；剖面高；结构复杂，对加工精度要求高，制作不易	适用于普通手持终端及对体积、质量有特殊要求的领域，如无人机航拍、监测、车道级导航等方向
PIFA 天线	易实现多频和宽频；易于制作，体积小，质量轻，成本极低	只能实现线极化，圆极化增益损失 3 dB；方向图比较不规则，不是半球型方向图；需要大的接地面	智能手机导航天线领域，适用于蓝牙耳机、超轻薄手机、无线鼠标、可穿戴设备等贴身使用的迷你移动设备

1.3.2 测量型天线发展情况

高精度应用对 GNSS 接收机定位精度的要求是厘米级甚至毫米级的，因此需要使用具有优异相位中心性能指标的高精度测量型天线。按照应用领域的不同，测量型天线通常被划分为大地测量型天线和普通测量型天线两大类。从实现技术上看，微带贴片天线一直是高精度测量型天线的主流技术；而随着移动地理信息系统（mobile GIS）采集器等市场的不断增长，对测量型天线小型化、低成本要求的日益增加，四臂螺旋天线也逐渐成为另一种主流选择。

一是大地测量型天线，主要应用于固定的、有最高精度要求的大地测量类应用，如 GNSS 基准站；其配合高精度 GNSS 接收机，需要为用户提供尽可能高的定位精度和高质量的原始观测量。覆盖所有卫星导航系统所有频点的导航信号已经成为这一类型 GNSS 天线的发展趋势。在大地测量型天线中通常采用扼流圈技术，其可以保证良好的天线方向图控制、稳定的相位中心、出色的多径抑制、大的前后比和低仰角处良好的轴比。大地测量型天线的相位中心偏移可以被记录下来，高端的测量型接收机可以利用这些数据对定位结果进行校正以提供更高的精度。

二是普通测量型天线，主要应用于土地、林业、建筑等要求移动便携式的测绘工作，例如 RTK 应用中的流动站天线。尽管针对移动携带要求进行了优化，但这类天线仍然能够提供给用户良好的精度。这类天线中水平方向相位中心随方位角的变化应较小，这是由于在实际应用中天线的方向是未知的并且相位中心偏差无法在接收机中被修正。通常普通测量型天线无法使用扼流圈技术，因而相比于大地测量型天线其相位中心的变化会稍大。典型的流动站天线通常安装在一个接近地面的手持杆上，这就需要具有良好的前后比以避免地面噪声的引入。在普通测量型天线中同样需要良好的轴比和低仰角处适当的增益滚降来保证良好的多径抑制性能。

三是小型化低成本测量型天线。随着智慧交通、精准农业、移动 GIS 等应用领域成为高精度应用新的方向和热点，国外主流天线厂商已经纷纷在研发并推出支持 GPS、GLONASS 和 BDS 等导航系统的多模多频小型化、低成本、高精度天线。

前期，国内厂家研制主要是针对普通测绘和大地测量的需求，研发 BDS/GPS 多模多频普通测量天线和 BD/GPS 多模多频大地测量天线等产品。经过多年持续不断的努力，国内研发人员解决了国产材料批量一致性差、多频点相位中心稳定性、BDS 抗多径能力的提升等关键性技术问题，国内多家天线企业基于国产陶瓷材料均研发并量产了支持 BDS/GPS 全频点的普通测量型和大地测量型天线。其中普通测量型天线已经在测绘、智能驾考等高精度行业市场大规模应用，而大地测量型天线也在高精度连续运行参考站（CORS）领域获得应用。

但随着以移动 GIS、车道级导航、精准农业应用等为代表的、新兴的低成本高精度市场的迅速增长，对在性能、外形尺寸和成本方面满足这些应用领域要求的高精度天线的需求越来越强烈，而现有面向传统测量领域的高精度天线并不能满足这些领域的使用要求。为了跟上卫星导航高精度应用领域发展的新趋势，需要针对移动 GIS、车道级导航、精准农业、定位定向等非传统测绘领域，基于微带贴片天线和四臂螺旋天线等技术，研制小型化、低成本、相位中心精度可达厘米级的高精度天线，支持 GPS 双频和北斗双频，支持北斗全球系统新信号，扩大北斗产业化应用领域和规模。

国内高精度测量天线产业起步较晚，但发展很快。2006 年前后，国内企业已经推出了 GPS 高精度测量型天线产品，并占据了一定的市场份额。近十多年，北斗重大专项先后启动了包括“多模导航型天线”“多模多频高精度测量型天线”等民用基础类产业化项目。经过多轮实物对比测评，国内已有包括深圳华信、上海司南、上海海积、嘉兴佳利、合众思壮等数家单位研发并量产了基于国产材料的支持包括 BDS 在内的多模多频普通测量型天线和大地测量型天线，技术性能指标与国外同类产品基本相当，解决了北斗高精度应用核心基础类产品有无的问题，为北斗高精度民用产业化的发展打下了坚实的技术基础；大地测量型天线在高精度 CORS 领域和北斗地基增强系统建设中获得应用。目前国产面向传统测绘应用领域的普通测量型和大地测量型天线产品的技术水平已经达到或接近国际同类产品的水平，在相关应用领域的产业化推广也在持续推进。而国内领先天线企业已经具备了一定的技术能力、研发能力和市场能力，可以根据市场需求和产业发展情况推出相应的产品，满足北斗产业化发展的要求。

2020 年 9 月，中国卫星导航系统管理办公室在前期测试功能性能并实现规模化应用的基础上，发布了《北斗三号民用基础产品推荐名录（1.0 版）》，其中包含了多模多频高精度天线多款产品。该类小型化天线产品具备扁平、柱状两种形态，配有低噪声放大器、无源天线等模块；可接收、放大 BDS /GPS /GLONASS 三系统民用信号，可输出高质量卫星导航信号，主要面向移动 GIS、车道级导航、精准农业、定位定向等低成本高精度应用领域。

1.4 小　结

在各大卫星导航系统更新换代或全球服务能力部署建设的大背景下，顺应高精度应用设备高端低用的大趋势，围绕小型化、低功耗、低成本、高性能等需求，本章就导航芯片及模块、宽带射频芯片、高精度天线等基础产品的发展历程进行了回顾。

第二章

卫星导航基础产品型谱与设计

面向卫星导航应用，基础产品应有完整的型谱规划、明确的设计要求，用以指导其研制生产，保障卫星导航产业健康发展。

2.1 产品型谱

根据汉语辞书定义，“谱”是指按照对象的类别或系统，以较为整齐划一的形式编辑而成的表格、图册或文书。根据“谱”的解释，“型谱”是按照对象的不同型号，以某种整齐划一的方式加以缩制成的表格、图册或文书。“产品型谱”则是按照产品的型号、规格编制成的表格、图册或文书。型谱不仅是停留在纸面上的名词概念，而且要构建型谱中所列举的产品实物，即实现产品型谱实物化。

我国航天界较早使用“型谱”一词的领域是运载火箭。最早出现“型谱”的正式文件是《中国的航天》(2000 版）白皮书。该书在“未来发展”一章的“发展目标”中提出“建成新一代运载火箭型谱化系列”（初稿中原来是“建成新一代运载火箭型谱”）。简单来说，型谱是按型号规格进行排列建档的、由多个项目构成的组合。建立型谱可以清楚地查看各个项目相互之间的关联性，对比参照它们各自具有的功能特点、主要技术参数等。

卫星导航基础产品型谱是卫星导航用户产品发展规划的核心内容，可以理解为用最少数目的不同规格产品构成的、列出已有的和将来要发展的全部产品并能满足可预见到全部使用要求的产品系列。它是产品通用性和系列化两种标准形式的结合与发展。就某一个基础产品而言，其通用性是有限的，只能满足一定范围、一定条件下的使用要求，为了扩大某一类产品的适用范围，就必须增加该类产品的规格品种构成产品系列。但是产品的规格品种又不可能无限制地扩展，就需要经过分析、比较和筛选，使其达到的规格品种最简最优。

北斗专项通过十多年的研制攻关，构建了完善的北斗基础产品型谱，为形成完整产业链打下坚实基础。2020 年 9 月，中国卫星导航系统管理办公室发布《北斗三号民用基础产品推荐名录（1.0 版）》，满足大众消费类、行业类应用需求，民用基础产品型谱如图 2-1 所示。

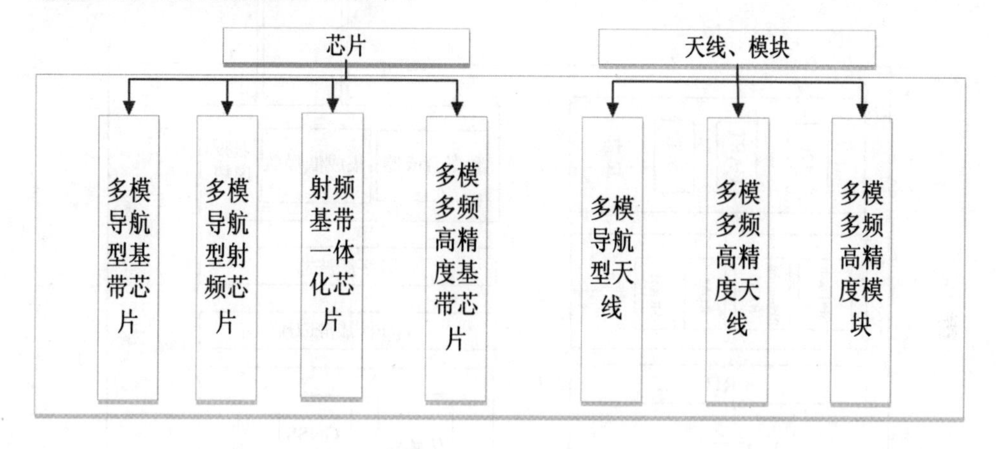

图 2-1　民用基础产品型谱

2.2　产品设计

2.2.1　卫星导航处理流程

对于卫星导航应用来讲，面向用户的基础产品最终形态主要为导航芯片，其性能优劣直接决定用户体验和使用效能。导航芯片通常由处理器、基带模块、射频模块、定位解算模块、电源管理单元等组成，如图 2-2 所示。

1. 射频基带一体化设计

射频基带一体化设计主要包括基带结构、算法优化、模拟电路数字化、低功耗考虑、合理的频率规划、优化的版图布局、适当地隔离以降低数字系统对于射频部分的干扰、合理地进行系统的管脚分布、系统集成低静态电流消耗的 LDO（低压差稳压器）等方面。

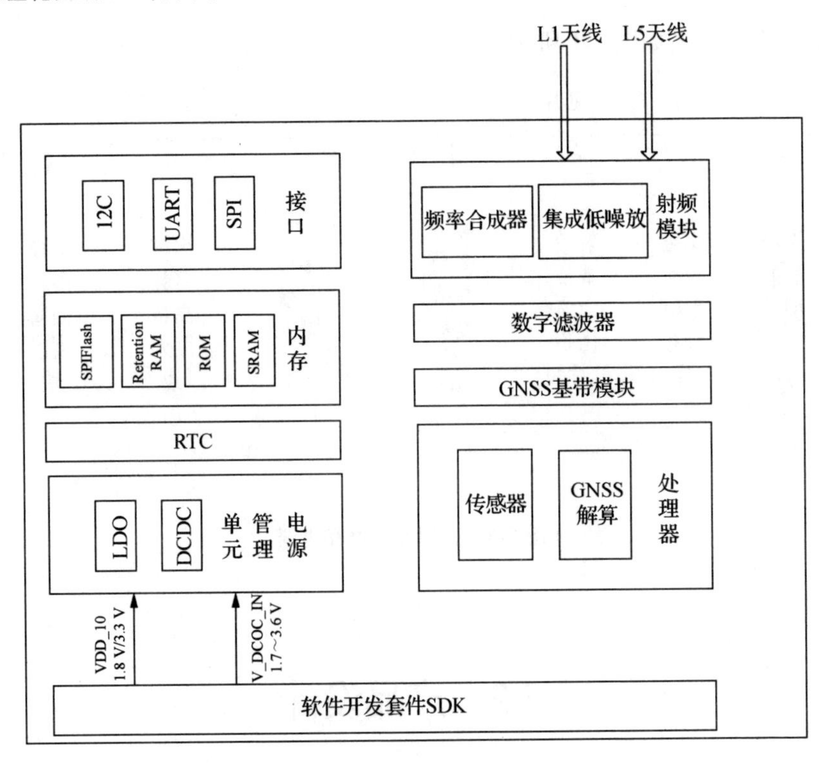

图 2-2　导航芯片组成示意图

（1）基带结构：芯片集成基带和射频模块于一体，设计时充分吸取零中频、低中频和宽中频等不同系统架构的优势，实现整体上的性能好、成本低、功耗小，设定基带、射频间的频率规划和接口标准，可减少基带和射频模块之间独立设计带来的设计冗余。

（2）算法优化：针对一体化芯片方案中噪声大的特点，在基带模块做出处理和补偿，一方面重点研究抗干扰的算法，对一定频谱的噪声进行过滤；另一方面提高捕获灵敏度，最大限度地提高相关峰的能量，提高系统接收性能。

（3）模拟电路数字化：基带模块选择自动增益控制（AGC）等部分模拟电路

的数字化实现，以获得较高的性能和稳定性，而且数字化也可充分利用工艺先进性所带来的设计优势。

（4）低功耗考虑：由于基带和射频模块在一颗芯片上，基带结构设计配合统一的电源规划，为实现多电源域，多电压域，多阈值电压等低功耗设计创造了条件，以获得最佳的电源效率。

（5）合理的频率规划：频率若规划不好，版图或电路设计得再好，也无法规避掉带内杂波。

（6）优化的版图布局：版图布局的优劣，直接决定芯片的设计效果。在芯片版图布局设计上，首先，对芯片系统进行模块级别分类的合理性显得尤为关键，分清敏感和强干扰部分；其次，在模块归类的基础上，针对于不同类型的模块进行合理的布局考虑；第三，形成合理的电源分布，加强电源完整性设计；第四，布局过程中适当关注关键信号，并给予优先考虑。

（7）适当地隔离以降低数字系统对于射频部分的干扰：采用如敏感部分的保护 Ring 结构、深阱的采用等方法提高隔离。当基带和射频模块同时集成在一个硅片上时，如果设计不当或版图设计不规范，就容易出现数字噪声干扰，影响导航接收机的信号接收。

（8）合理地进行系统的管脚分布：以提高系统应用的便利性，同时避免在应用系统设计中由于射频模块受到干扰而导致的整体性能下降。

（9）系统集成低静态电流消耗的 LDO：由于导航设备通常支持如热启动等功能，芯片中的 RTC 相关电路处于始终工作的状态，芯片采用集成的低静态功耗 LDO，以降低整体功耗。

2. 处理器

导航芯片处理器既有对各硬件处理器和 Sensors Hub 进行管理、调度的需求，也有对高运算量算法，包括 PVT、精密单点定位（PPP）、RTK 等实时解算的要求。为了同时满足这两方面要求，目前主流设计为采用两颗片上多点控制器（MCU），并综合考虑运算能力、功耗、成本和可扩展性等因素，采用针对移动设备专业应用的高性能、低功耗嵌入式处理器，例如 AndesCore™ N10（32 位）。与同一级别的 ARM Cortex™ M4 CPU 相比，AndesCore™ N10 的效能为 ARM Cortex™ M4 的 1.4 倍；同时，AndesCore™ N10 支持高速缓冲存储器（Instruction cache 和 Data cache），带有硬件双精度运算的浮点加速器等功能。此外，处理器通常提供一整套开发工具，包括基于 Windows™ PC 的仿真器和实时 ICE，方便用户进行软件的开发和调试。

大众领域应用规模巨大，但需求也更多样化。导航芯片通常分为两个子系统，MCU 子系统（MCU_SoC）和 GNSS 子系统（GNSS_SoC）。其中，GNSS 子系统用于 GNSS 定位解算，MCU 子系统开放给用户进行二次开发或深度定制功能，可为用户省掉一颗专用的低功耗 MCU，并节约整体方案成本。

MCU_SoC 子系统有如下特点：

（1）低于 5 μA 超低待机功耗，满足物联网长时间待机需求；

（2）采用先进的嵌入式操作系统，灵活开放的客户二次开发环境，满足物联网定制化需求；

（3）提供 Sensor Hub，默认支持 PDR（步行航位推算）、VDR（车辆航位推算）等算法，为客户提供更优的融合定位解决方案。

3. 基带模块

GNSS 基带模块是进行基带信号处理的部分，通常在设计上同时支持 L1 和 L5 两个频段内 GNSS 信号的接收，主要包括：

① BDS: B1I，B1C，B2a，B2b。

② GPS 和 QZSS: L1 C/A, L5。

③ GALILEO: E1b, E1c, E5a。

④ GLONASS: L1。

⑤ IRNSS: L5。

⑥ SBAS。

为实现上述信号的接收与处理，满足高性能、低成本、低功耗应用需求，需着重进行 GNSS 基带设计，高效复用逻辑资源，提升卫星定位性能。每种信号的接收都可通过软件配置，独立开关，可以单独或者联合定位，兼顾高灵敏度和低功耗的技术要求。

如图 2-3 所示，BB 为基带模块；AISB 为捕获部分输入信号缓存；TISB 为跟踪部分输入信号缓存。基带模块接收模拟前端输出的两路数字中频信号，分别对应于 L1 和 L5 频段的 GNSS 信号，两路信号经数字中频预处理后进入缓存，随后捕获/跟踪逻辑读取缓存中的数据进行处理。在此系统中，处理器通过配置寄存器来与 GNSS 基带模块进行交互，并根据伪码和载波频率等信息进行解算。

GNSS 模块中的捕获引擎（acquisition engine）和跟踪通道（tracking channel）是进行数据捕获跟踪处理的核心。

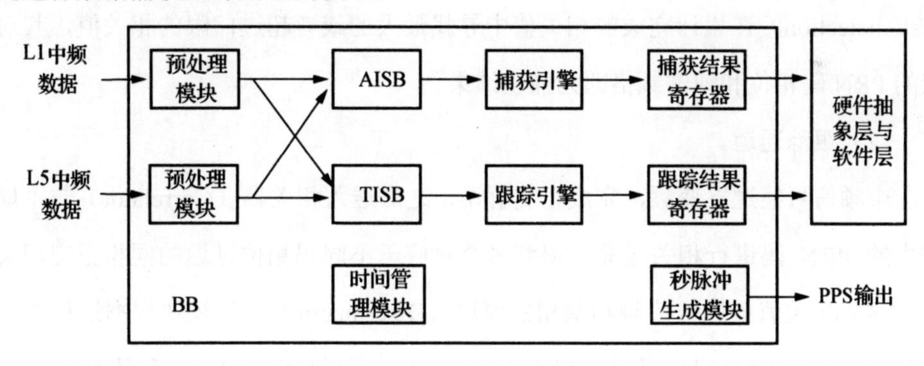

图 2-3　GNSS 基带架构设计框图

（1）捕获引擎。

如图 2-4 所示，PRN Code 表示伪随机序列生成器；Memory Code 表示伪随机序列固定码表，如 GALILEO E1 伪随机序列；HAL & Firmware 表示硬件抽象层和固件。

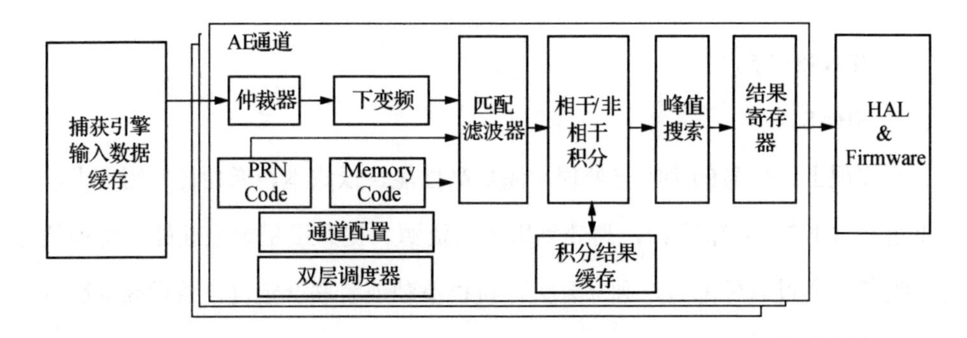

图 2-4　捕获引擎的原理框图

捕获架构可以同时配置多组通道，其中每组对应于一个被搜索的卫星，每个捕获通道对应搜索一颗卫星，各个通道是独立的，捕获哪种信号类型通过可配置的 GNSS 类型选择寄存器和频率 ID 寄存器来决定。因此，在每个捕获通道中存在寄存器以确定使用哪个输入数据缓存。之后利用数字下变频完成中频数据的正交解调，得到基带信号，然后利用匹配滤波器完成快速相关运算；运算的相关结果可继续进行相干和非相干计算，进而提高信噪比。功率峰值检测逻辑（energy peak detection）在累计完成的相关值中寻找最大的或者超过门限的相关值，其对应的 PRN 码相位和载波频格即为捕获结果。

（2）跟踪通道。

中频信号经过下变频，完成正交解调，之后送入相关器（Correlator）与本地产生的 PRN 码进行相关运算，得到多个对应于不同码相位延迟的同相正交相关值。这些相关值被送入鉴频和鉴相器模块（Discrimator），该模块根据选择的环路种类计算相应的相位误差（PhaseErr）、频率误差（FreqErr）和码延迟误差（CodeErr）的估计值。误差估计值进入后面的环路滤波器（Loop Filter），可得到载波频率和 PRN 码频率调整量，该调整量反馈至本地载波和 PRN 码发生器后构成闭合的载波和 PRN 码跟踪环路。

（3）秒脉冲模块（PPS）。

PPS 可对频率控制字、脉宽控制字、延迟控制字进行设置，从而产生频率、相位和脉冲宽度均可任意设置的秒脉冲信号；在数据同步状态下，通过帧同步信号进行相位校准，实现授时功能；在非同步状态下，保持以前的相位，实现守时功能。

4. 射频模块

射频模块是导航芯片接收的最前端，其对于整个芯片的影响至关重要，设计时应重点考虑以下几点：

（1）射频模块的低噪声放大器和基带模块都集成到一个硅片上，无论是射频模块还是基带模块要能够接收 BDS B1I/B1C/B2a/B2b、GPS L1/L5、GALILEO E1/E5 等频点信号，可接收双频多系统信号。

（2）射频模块的低噪声放大器和本振频率合成器是合在一起的，即其频率范围要比单一的 GNSS 频段宽。这样设计的好处就是可以最大限度地去共享电路所占据的硅面积，从而降低芯片的面积，提高竞争芯片系统的竞争力。

（3）射频模块设计了片内的 DC/DC 转换器的电源管理单元，分别提供射频模块电压和基带模块电压，大幅度降低了整个芯片功耗。

（4）加强数字和模拟电源的隔离处理，以提高系统的整体性能，由于射频模块的模拟电路比较容易受到干扰，需要在设计中特别防止数字电源造成的干扰。

（5）通过特别的版图设计，将衬底噪声、电源噪声和电磁干扰（EMI）降低到最大限度。

5. 定位解算模块

定位解算模块是导航芯片的核心，目前主流芯片大多已支持双频单点定位、PPP 高精度定位、A-GNSS 及 D-GNSS、组合导航解算（车载航迹推算 VDR、步行航迹推算 PDR）等功能。例如，基于双频的定位解算模块设计框图如图 2-5 所示。

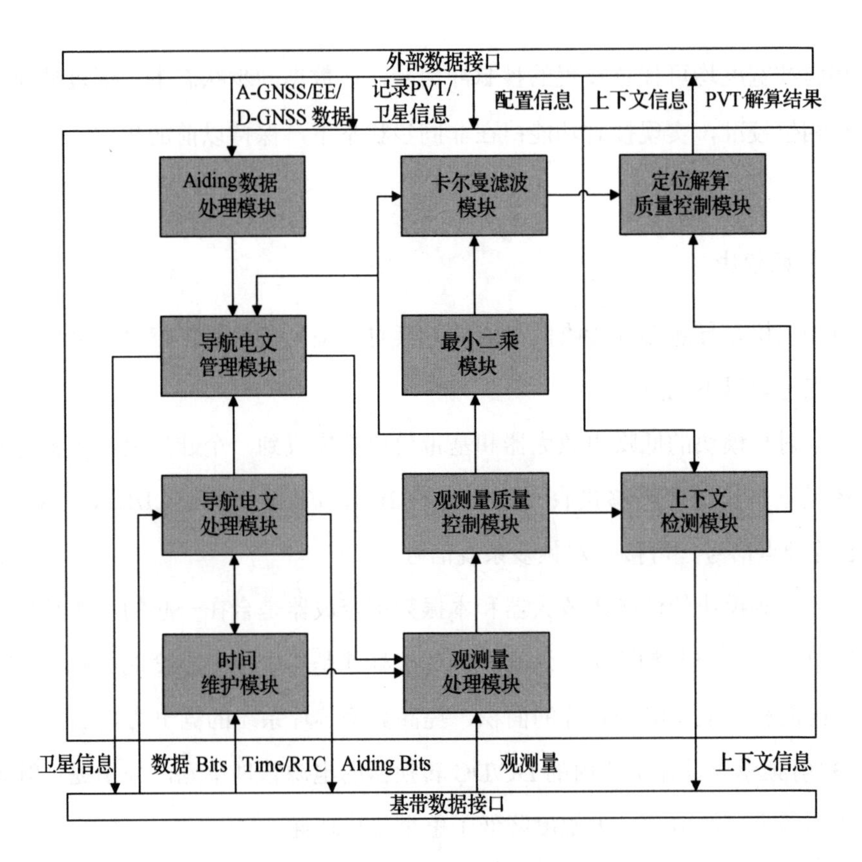

图 2-5 基于双频的定位解算模块设计框图

6. 电源管理单元（PMU）

通过多电源域划分及硬件设计，电源管理单元支持如下几种功耗模式：

① 正常模式（running mode）：芯片各电源供电正常，CPU 运行正常，通过软件设置各电源域供电；所有事件包括外部中断、通信请求、定时等事件都可以正常处理。

② 低功耗模式（power saving mode，PSM）：芯片各电源供电正常，CPU 由软件或 CHIP_EN pin 的要求停止运行，各电源域供电由软件配置开启或关闭。

③ 后备供电模式（V_BCKP mode）：外部切断了芯片的 IO 供电或主供电，仅保留了 V_BCKP 供电；此时芯片的功耗降到很低的水平，具体的功能和耗电依

赖于软件对此模式的设置。

④ 断电模式（power off mode）：外部切断了芯片的所有供电，芯片完全不工作。

2.2.2　设计要求

1. 导航芯片及模块

从北斗卫星导航系统的建设、高精度产业的发展趋势、国内外市场前景和国外模块/板卡技术的演进情况等诸多角度出发，有必要针对日趋广阔、多样化的高精度应用领域研制多模多频高精度模块，进一步促进国内企业在高精度基础类产品方面核心技术的提升和自主知识产权的掌握，推动高精度产业应用的持续发展。多模多频高精度模块的研制需为推动国内企业研发生产可与国际领先水平相当的低成本、低功耗、小尺寸、在复杂应用环境中保持高性能的产品打下坚实的技术基础，应达到如下目标：

（1）通过芯片化技术途径实现模块低成本、低功耗、小尺寸、易于规模化生产的设计目标，要求原厂委托制造（OEM）板射频和基带单元全部采用国产化芯片。

（2）通过支持更多系统更多频点信号达到提升高精度模块各种性能的设计目标。要求最高可同时支持包括北斗系统全球信号在内的四个卫星导航系统 18 个以上导航信号和星基增强系统信号的接收处理。利用北斗三频和多系统兼容的优势，显著提高树荫遮挡等复杂环境下高精度定位的可用性和可靠性。

（3）通过支持北斗地基增强系统达到降低高精度应用使用难度的设计目标。借力北斗地基增强网建设对高精度基础服务网络的支撑，方便高精度用户使用，降低用户使用成本，扩展国内高精度应用的领域和市场。

（4）通过支持一定的抗带内干扰能力和组合导航功能达到提升复杂环境下高精度服务可靠性和可用性的设计目标，以适应智能交通、机械控制等非传统测绘领域对高精度应用的需求。

2. 宽带射频芯片

宽带射频芯片是高精度模块的主要组成部分，射频芯片性能优劣直接决定高精度模块的性能。与普通导航型射频芯片相比，面向高精度应用设计的射频芯片面临着更具挑战性的要求：

首先，高精度模块的发展趋势是支持所有卫星导航所有频点导航信号的接收以提升恶劣环境下高精度应用的可用性、可靠性和精度。这些导航系统导航信号既包括 GPS、BDS 区域系统中使用传统信号体制的老信号，也包括 GPS 现代化、GALILEO 和 BDS 全球系统中支持的以 BOC 调制为代表的新一代信号体制的新信号，如表 2-1 所示。模块小型化的要求必然要求射频单元以尽可能少的射频芯片来支持所有频点信号的接收，相应地需要一片射频芯片支持尽可能多频点信号的接收。

表 2-1　宽带射频芯片需支持的导航频带和频点

频带	频点/MHz	带宽/MHz	支持信号
L1	1 602	10	GLONASS L1
	1 575.42	20	BDS B1C, GPS L1C/A、L1P/Y, GALILEO E1c
	1 561.098	20	BDS B1I
上 L2	1 268.52	20	BDS B3I
	1 246	10	GLONASS L2
	1 227.6	20	GPS L2C、L2P/Y
下 L2	1 207.14	20	BDS B2I、B2b, GALILEO E5b
	1 191.795	53	BDS B2, GALILEO E5
	1 176.45	20	BDS B2a, GALILEO E5a

其次，BDS 和 GALILEO 所采用的信号体制中采用超过 20 MHz 带宽的信号，如 AltBOC 信号和高阶 BOC 调制信号等，如果采用最优的接收处理方案，则要求射频芯片支持 53 MHz 的接收带宽。

再次，随着高精度应用领域的逐渐扩展和复杂化，对高精度 OEM 板具有一定抗干扰能力的需求日益强烈。这一需求映射到对射频芯片上，就是要求射频芯片具有更好的线性度指标和更多位数的 ADC。

最后，目前各高精度厂家的技术路线并不统一。技术路线的多样性要求所研制的射频芯片具有最大限度的灵活性可以满足不同的要求，两种典型的对射频芯片技术路线的要求如下：一种方案为按频点接收模式，射频芯片至少支持 3 个并行频点可配置的、20 MHz 带宽的射频通道；另一种方案为按频带接收模式，射频芯片支持三路频点可配置的、带宽可达 60～70 MHz 的射频通道。

综合上述设计需求分析，新研制的宽带射频芯片应具有如下特征：

① 可通过频点和带宽的配置支持所有卫星导航信号的接收；

② 可支持按频点和按频带接收的模式；

③ 并行通道数至少为 3 个；

④ 支持模拟中频和数字中频输出。

3. 高精度天线

针对大批量、低成本的高精度应用需求，有必要研制小型化柱状和扁平状两种形态的低成本、小型化、高精度天线，具体性能要求有以下几点：

① 天线尺寸更小，无论是采用四臂螺旋天线技术还是微带贴片天线技术，天线尺寸小型化均是目前研制关注的重点，该类天线体积小巧，可以广泛应用于

手持设备上。

② 支持频点包括 1 575.42 MHz、1 561.098 MHz、1 227.6 MHz、1 268.52 MHz 和 1 176.45 MHz，可支持 BDS 三频、GPS 三频、GALILEO 双频及三系统组合应用。

③ 相位中心的要求为优于 6 mm，满足分米级甚至厘米级的低成本高精度应用的需求。

④ 小型化天线还可以通过在天线下方加上匹配的抑径板的方式应用于 RTK 等高精度领域，从而带动高精度领域的技术革新。

⑤ 该类天线具有成本优势，可以实现高精度导航及调度应用，总的市场容量和经济价值非常可观。

主要技术难点是：在小尺寸下，如何提升测量型天线的带宽性能并保证厘米级的相位中心。

2.3 小 结

卫星导航芯片、模块、天线、板卡等基础产品，是卫星导航应用推广的基础。面向包括智能交通、手持终端、精密农业、机械控制、无人机等在内的超越传统测绘领域、更为广阔的应用市场，本章提出了民用卫星导航基础产品型谱，明确了各类产品的设计要求。

第三章

卫星导航基础产品关键技术与测试

随着各类基础产品关键技术发展日臻成熟，相应的产品测试已成为有效保障其产品质量的重要环节。

3.1 关键技术

3.1.1 导航芯片关键技术

1. 高精度基带处理技术

导航芯片可采用多系统多频联合捕获和跟踪技术,可同时将 BDS/GPS/GLONASS/GALILEO 四个系统不同卫星的多个频点实时轮调、动态分配至捕获引擎及跟踪通道引擎，并进行独立捕获，同时使用多频点辅助手段对同一卫星的不同频点进行并行处理。可独立捕获同一系统各个不同频点的信号，待稳定跟踪一个频点信号后，则可以辅助其他频点信号，实现快速锁定。除 GPS L2P/Y 外，其余各频点信号均可独立跟踪；在个别频点受到有意或无意干扰情况下，能有效提升观测值数量。

射频链路采用高速自适应增益控制，对不同强度信号，有更广增益量化内置的快速傅里叶变换（FFT）模块从频域上对干扰信号进行实时检测并消除。可同时跟踪多频点信号并进行抗干扰处理，相比于时域抗干扰手段能够显著提升单音及窄带干扰情况下的捕获跟踪性能。

多路径检测优化技术，在卫星跟踪阶段使用环路辅助跟踪及优化的参数设计，并使用码峰搜索、窄相关手段、双 Delta 高分辨率码鉴别器，通过对多个对称分布在自相关函数主峰左右的相关器函数主峰进行采样，分析其主峰左右两侧斜率来推导并消除多径信号以提升跟踪过程中的观测值精度。

观测值主动优化技术，在导航信号跟踪过程中主动判断信号质量并动态切换环路参数，在跟踪过程中使用多频点间的观测值进行相应处理，能够显著提升各个频点的观测值质量，提升周跳比指标。

2. 高可用、复杂场景自适应的多重精度联合定位技术

导航芯片采用高灵敏度锁相环设计，可以持续跟踪-140 dBm 以下的卫星信号、支持 1 Hz 到 50 Hz 原始观测量输出、支持对播发 L1 和 L5 频段信号的所有 GNSS 卫星同时进行跟踪，不仅输出载波相位、伪距、多普勒等原始观测量，还能提供用于检测的辅助信息、提升定位的可靠性。

对于穿戴、人员物品追踪器及手机等大众应用领域，卫星导航定位体验的痛点是信号环境复杂不可预料，基于北斗 B1C、B2a，GPS L1、L5 及 GLONASS、GALILEO 等信号的多系统双频抗多径算法，以及北斗新信号体制下的高灵敏度设计，可显著改善或很大程度上解决前述痛点问题；差分算法集成于片上，实现了亚米级定位；完善、稳定的环路跟踪技术，确保载波相位、伪距等原始观测量质量，能够在外部进行厘米级精度的 RTK 定位解算。

3. 多径信号三重检测及抑制算法

GNSS 接收机应用场景及环境丰富多样，从而面对的多径干扰情况也丰富多样。有多径信号与直达信号同时存在、能量弱的场景；也有多径信号与直达信号同时存在、能量强的场景，甚至可能存在只有多径信号而无直达信号的场景。此外接收机静态和动态时，多径信号的干扰特点又有较大差别。

芯片硬件跟踪通道支持窄相关，相邻相关器最小距离 1/16 chip，根据信号特性，每个跟踪通道可激活 3～9 个并行相关器进行信号接收；在软件实现上，通过采用“最大似然估计”技术，可实现直达信号和反射信号的分离。通过对多径误差进行抑制处理，可消除大部分误差。

目前主流导航芯片同时支持 L1 和 L5 双频信号接收与处理，在充分利用 L5

频段 10.23 MHz 高码率的优势的基础上，进一步抑制多径干扰并显著提升在市区、林荫等多径干扰严重的环境下的定位精度与可靠性，如图 3-1 所示。

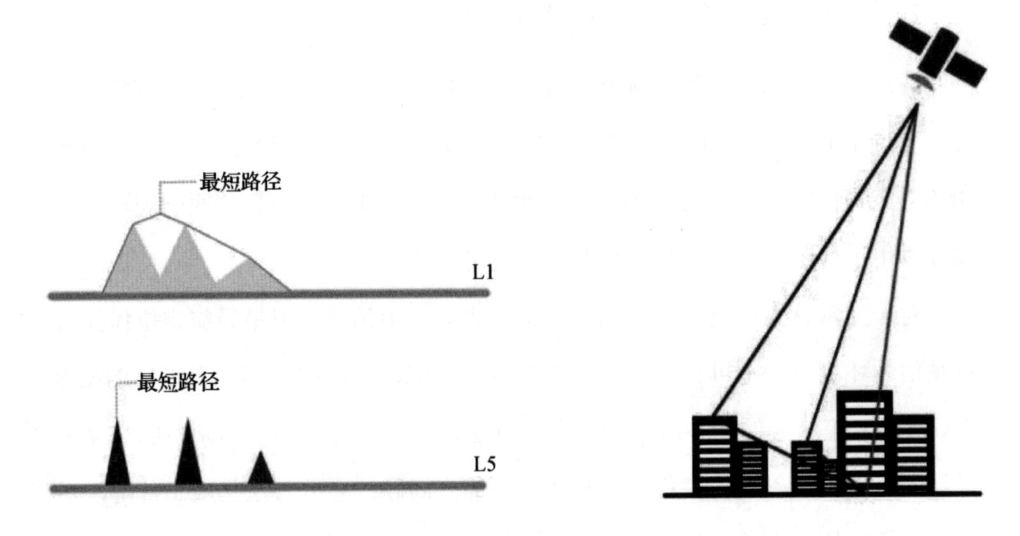

图 3-1 双频抗多径原理

4. 高实时性的宽窄带体系化抗干扰检测及消除技术

传统的窄带干扰检测仅仅通过频域分析，如 FFT 等方法来实现，其代价是处理时间较长，所需的存储和功耗也比较大，检测出的窄带干扰的频率和功率也不够准确，特别是对突发的强干扰，如果不能实时检测出并加以去除，对 GNSS 接收性能影响很大。

目前的导航芯片采用软硬件相结合的方法，从时域和频域两方面同时处理，通过专门的干扰检测、干扰监视和干扰去除等模块实现实时抗干扰效果。对于 L1 和 L5 GNSS 频带内的强窄带干扰的检测和去除反应时间小于 1 ms，干扰频率的检测精度在 1 Hz 以内，并能对干扰进行实时跟踪监控。

5. 精密单点定位服务信号处理算法

北斗三号系统提供中国及周边区域的精密单点定位服务，通过 PPP-B2b 信号，向中国及周边区域播发精密单点定位（PPP）服务改正数据，用户接收机通过接收信号，解调改正数电文，可以进行实时精密单点定位解算，获取高精度的位置信息。北斗精密单点定位服务目前公布了空间信号控制接口文件，因此关键在于按照公布的信号接口和数据接口，完成PPP-B2b信号的改正电文解析与使用。

在使用精密单点定位服务时，除利用系统播发的各类改正数以外，还需要同时考虑多种其他误差源，并完成相应的误差修正。精密单点定位的误差来源如图 3-2 所示。

- 精密单点定位误差源
  - 与卫星有关
    - 卫星轨道和钟差误差
    - 卫星天线相位中心偏差
    - 天线相位缠绕改正
    - 卫星钟相对论效应
    - 硬件延迟
  - 与接收机有关
    - 接收机钟差
    - 接收机天线相位中心偏差
    - 地球固体潮
    - 海洋负荷潮汐
    - 极潮改正
    - 地球旋转改正
  - 与信号有关
    - 对流层延迟：Saastamoinen模型和Neill映射模型
    - 电离层延迟：IF组合消电离层
    - 多路径效应：扼流圈天线，长时间观测滤波

图 3-2　精密单点定位的误差来源

可以看到，与卫星有关的卫星轨道和钟差误差、硬件延迟误差已经通过 B2b 的改正电文完成了修正，其他各类误差源需要通过不同的方法进行消除。主要有两种途径：一是对能精确模型化的误差，可采用模型修正的方式，包括卫星天线相位中心带来的误差、各种潮汐影响带来的误差、相对论效应等，都可以采用现

有的模型较为精确地进行修正。二是对于无法精确模型化的误差，通常采用组合观测值进行消除或进行实时估计。例如，对于电离层延迟带来的误差，通常采用双频组合的观测值来消除低阶项，对于二阶项（对定位精度影响可至 2～4 cm）则可利用三频数据进行消除或估计；对于对流层延迟带来的误差，目前还无法用模型精确模拟，一般通过增加参数进行估计；对于多路径效应，在算法中没有进行模型改正，一般通过接收机天线抑制等方式进行削弱。

（1）组合导航滤波器分类。

松组合、紧组合导航算法均采用卡尔曼滤波器，主要区别在于输入的 GNSS 测量信息不同。松组合卡尔曼滤波器利用 GNSS 接收机 PVT 算法解算得到的位置、速度信息作为输入量；而紧组合卡尔曼滤波器利用接收机原始的伪距、伪距率信息作为输入量。输入的 GNSS 信息越原始，则越有助于灵活设计滤波器，越有助于信息利用；但缺点在于会增大计算量，同时会增加算法的复杂性。

由于不同层次的 GNSS 信息在本质上是同源的，因此在信号条件优越时（如开阔环境），紧组合滤波和松组合滤波相比，并不能明显提高组合导航系统性能；但在 GNSS 卫星信号受到严重遮挡和衰减时，紧组合有独特优势。例如，小于 4 颗有效卫星时，紧组合能够完成更好的粗差探测。与紧组合算法的性能优势和复杂性相比，松组合卡尔曼滤波器结构简单、计算量小，容易实现。两种组合导航滤波器的特性对比如表 3-1 所示。

表 3-1　两种组合导航滤波器的特性对比

滤波器类型	信息融合程度	GNSS 信息噪声相关性	结构复杂度	计算量大小	适合场景
松组合	浅	有	简单	小	开阔
紧组合	中	无	中等	中等	较复杂

（2）组合滤波算法。

组合导航卡尔曼滤波器设计的首要任务是选取系统状态量。为了使状态模型线性化，通常采用误差状态模型。所选取的状态量中至少包含位置误差、速度误差和姿态误差，另外还增加某些传感器误差作为增广状态量。

组合导航卡尔曼滤波器的观测方程包含位置组合、位置+速度组合两种形式。在位置组合中仅利用了 GNSS 接收机给出的位置结果进行组合导航处理，而加入速度观测量可以为组合导航系统带来更多冗余信息。

6. 组合导航算法

惯性导航系统是时间积分系统，陀螺仪和加速度计误差会使惯性导航系统参数误差随时间而累积。因此，惯性导航系统短时精度高，但长时误差会随时间而累积。独立的惯性测量系统已经无法满足日益增长的长航时导航精度需求，单纯通过提高惯性传感器本身来提高导航精度的研制路线会导致芯片成本、体积等急剧增长，与市场需求不符。

惯性导航系统（简称惯导）与卫星导航系统特点互补，两类信息基于合理的组合方法可以得到运载体导航参数的最优或次优估算。基于现代控制理论，用 GNSS 定位数据对惯导参数误差和惯性仪表的误差做最优估计，并实时反馈到惯导内部，在运动状态下对惯导进行周期性的姿态校准（即数学平台对准）、速度和位置校准，以及惯性仪表随机误差补偿，从而限定惯性导航系统导航参数误差随时间的增加，极大地提高惯导的导航性能。

3.1.2 宽带射频芯片关键技术

1. 芯片架构设计

基于北斗系统和增强系统的众多高精度应用领域需求，多通道并行的多模多频宽带射频芯片可同时支持 BDS、GPS、GLONASS 和 GALILEO 等全球导航信号接收，考虑到对高精度增强信号的接收和对全球导航信号的覆盖，常用芯片为四通道接收模式。

芯片通道一、通道二、通道三和通道四都可以作为导航信号接收通道或 L-band 信号接收通道，工作频率覆盖 1.15～1.65 GHz，支持频点包括 BDS、GPS、GLONASS、GALILEO、QZSS、SBAS 卫星导航系统频点信号。芯片集成了低噪声放大器、下变频电路、中频滤波器、自动增益控制电路、锁相环、中频采样时钟产生电路、上变频电路、射频预放大推动电路、SPI 接口和低压差稳压器（LDO）等功能模块，仅需少量的外围元器件即可工作。

每个通道都支持带宽和频率可配置，既可支持对单个导航频点信号的接收，也可以支持对设定频带内多个导航频带内信号的同时接收，低通滤波器支持±0.2～±40 MHz 可编程。其中，可配置三个通道支持如下导航频带和频带内导航频点信号的同时接收。输出接口支持数字中频 I/Q 信号输出，也支持模拟中频 I/Q 差分信号输出。

2. 通道增益和线性指标设计

滤波器带宽最小带宽为±0.2 MHz、最大带宽为±40 MHz，根据公式

$$P = \lg(KT) + 10 \cdot \lg(\mathrm{BW}) \tag{3-1}$$

式中 K——玻尔兹曼常数；

T——绝对温度；

BW——带宽。

可以算出带内等效输入噪声为-100～-94 dBm，考虑有源天线或外部低噪声放大器增益 10～40 dB，并留有一定裕度，最小输入信号为-100 dBm，最大输入信号为-55 dBm。

当输入信号为-55 dBm，为了让接收机处于最好的线性状态，给予 12 dB 的-1 dB 压缩点线性回退，额外考虑 3 dB 的裕度，那么输入-1 dB 压缩点应为-40 dBm，此时的增益可设置为 40 dB±1 dB。

根据-55～-100 dBm 的输入信号，再考虑接收机本身的增益随着工艺、温度和频率之间的变化，AGC 范围不小于 60 dB 会给应用带来很多灵活性。

除此之外，若考虑外部干扰对接收机的影响，则对接收通道的线性指标提出更高的要求，以三阶互调指标为例分析，BDS B3I 频点卫星导航信号功率-101 dBm/channel，假设连续波干扰功率-50 dBm/channel，接收链路增益设置为51 dB。

为保证干扰信号的非线性产物不干扰卫星导航信号的最简单模型为非线性产物在通道底噪功率以下，则有

$$P_{\mathrm{e}} < P_{\mathrm{s}}^2 + G^2 + 2\mathrm{NF} \tag{3-2}$$

式中 P_{e}——干扰信号的非线性产物的功率；

P_{s}——卫星信号的功率；

G——通道增益；

NF——射频前端链路的噪声系数。

按照线性指标计算公式

$$\mathrm{OIP3} = P + \frac{P - P_{\mathrm{e}}}{2} \tag{3-3}$$

式中 P——射频链路输出端的最大输出功率，即 ADC 输入端口的功率。

可以计算出不受干扰信号的非线性杂散影响，要求通道低增益时的 OIP3 指标大于 25 dBm。

3. 通道噪声系数指标设计

通道噪声系数以 BDS B3I 频点为例进行通道性能指标分析，高精度导航接收机 BDS B3I 捕获灵敏度不低于-140 dBm，根据接收机灵敏度公式

$$\begin{aligned} P &= 10\cdot\lg(KT) + 10\cdot\lg(\mathrm{BW}) + S/N + \mathrm{NF}_{\mathrm{sys}} \\ &= 10\cdot\lg(K*T*\mathrm{BW}) + E_{\mathrm{b}}/N_0 - G_{\mathrm{p}} + \mathrm{NF}_{\mathrm{sys}} \\ &= 10\cdot\lg(K*T*\mathrm{BW}) + E_{\mathrm{b}}/N_{\mathrm{o}} - G_{\mathrm{p}} + \mathrm{NF}_{\mathrm{sys}} \end{aligned} \tag{3-4}$$

式中 BW——20.46 MHz

G_p——43 dB；

E_b/N_0——5 dB；

K——玻尔兹曼常数；

T——绝对温度。

则常温（+25 ℃）卫星导航终端设备接收链路系统噪声系数要求不高于 5.4 dB，可取 5 dB 作为设计要求。

4. 通道滤波特性设计

无线通信接收机的结构有超外差、零中频、低中频三种。

超外差接收机，灵敏度和选择性分布到多个中频上，同时采用固定的中频频率，实现性能提升。但超外差接收机采用分立的、敏感的、昂贵的高 Q 值器件，导致滤波器成本高、体积大、不易集成。随着通信设备小型化、便携化发展的趋势，以及集成电路和工艺制造技术的长足发展，其缺点越发突出，已不适宜单片接收机系统集成应用。

低中频接收机，通过采用较低的中频频率把有用信号和镜像信号从频谱上分离，消除了镜像信号的干扰；但由于中频较低这种形式无法适应接收宽带信号，因此只适用于窄带信号场合。

零中频接收机通过将射频信号下变频到基带（中频频率为零），从而实现了在基带低频完成滤波的处理。通过采用正交下变频结构，实现了 I、Q 两路信号变换，并在数字域处理下变频后的基带信号，由于调制信号的正负频带同时下变频至基带，因此其上下边带都处于基带。零中频接收机的主要优点是通过将频率下变频到基带频率，消除了镜像干扰，无须高 Q 值可调谐的带通滤波器，实现了宽带信号的接收便利性，同时零中频接收机更易集成。

综上所述，考虑到卫星导航各个频点的信号体制，接收通道采用零中频结构，分析如下：

为了能够适应单个导航频点信号接收和设定频带内多个导航频点信号的接收，滤波器通道 3 dB 带宽必须是可设置的。对于单个导航频点信号，北斗三号要求为±10 MHz，若考虑兼容北斗二号则为±2 MHz；在宽频带模式下，如同时接收 BDS B3I、GLONASS L2、GPS L2C 和 L2P/Y 时，信号带宽大于 60 MHz，为了让中频能有一定的选择性，需要将最大带宽设置为±40 MHz。

通道滤波器作用是减小 ADC 输入时引起混叠现象，为了兼顾滤波过渡带和 ADC 采样钟频率，通常 ADC 采样钟频率会设置为滤波器带宽的 3 倍左右，那么就对 1.5 倍带宽之外的带外抑制提出了更高要求。假设要求邻道混入的噪声贡献小于 0.05 dB，那么滤波器带外抑制需要大于 20 dB。

对于滤波器带内而言，滤波器的带内纹波直接影响着信号的质量，为了尽可能减少滤波器对接收信号的恶化，通带纹波必须尽可能小；但过小的纹波要求又会导致带外抑制变差，或者要求更高阶的滤波器从而影响功耗和面积。通常，容易被基带信号处理所接受的带内平坦度是在 0.75 倍带宽内不大于 1 dB。

5. 低噪声宽频带锁相环实现

锁相环的作用是为芯片收发通道提供本振信号，因此锁相环输出的本振频率应能够覆盖收发频点，因而频率覆盖范围大是基本要求。为产生正交本振，一般由锁相环输出信号直接做二分频得到。北斗三号系统要求锁相环覆盖约 2.3 GHz 到 3.3 GHz，频率覆盖范围达到了 38%。

为降低干扰信号和本振相噪通过互易混频对通道噪声系数的影响，要求锁相环输出信号相噪足够低。干扰信号频率与接收信号频率越接近、干扰信号幅度越大，对锁相环相噪要求越高。

除外部晶振外，对锁相环相噪影响最大的是近端的电荷泵噪声和远端的 VCO 噪声，降低电荷泵噪声要求较大的功耗，VCO 实现较大频率范围对功耗和相噪都有不利的影响，锁相环在一定功耗范围内实现可靠的频率覆盖和低噪声难度较大。

锁相环相噪与电荷泵、环路滤波器和 VCO 等多个模块均有关。通常通过适度提高电荷泵输出电流，可降低电荷泵噪声。提高 pfd/cp 线性度，降低量化噪声因为非线性到带内的折叠。降低 VCO 相噪，并合理设计环路滤波器带宽平衡各种噪声成分，最终实现整体各频偏处的低噪声。

6. 可重构滤波器设计实现

在射频前端将射频信号下变频为中频信号后输入给模拟中频滤波器，模拟中频滤波器需实现对带外干扰抑制、镜像抑制和抗混叠等重要功能，同时需要保证自身噪声系数、线性在一定的水平不致成为通道性能瓶颈。当前，接收机需完成对目前存在的四大导航系统所有频点的接收，而各大导航系统频点规划、带宽要求不尽相同。模拟中频滤波器需做到在中心频点、带宽、工作模式（低通或者带通）、功耗等方面可编程配置。因此，模拟中频滤波器做到可编程配置满足系统不同应用需求是关键技术点。

结合北斗三号在带宽、工作模式、功耗要求、带外抑制等方面的要求，采用 7 阶切比雪夫 RC 滤波器结构。实现带通/低通可切换工作模式可配置、带宽在 4 MHz、8 MHz、10 MHz、20 MHz、30 MHz、40 MHz 可编程配置、功耗随带宽设置自动可编程配置等。核心模块运放放大器采用前馈技术，可以在较低功耗时实现较高的线性水平。

3.1.3 天线关键技术

1. 扁平天线

（1）设计方案

扁平天线以叠层的形式进行设计，材料选用介电常数为 4.4 的低损耗介质材料。叠层上部为 L1 天线、下部为 L2 天线，上下部之间通过 PCB 板上的馈电网络进行合路，随后连接至滤波电路、低噪声放大电路等。

天线如图 3-3（a）位于天线的下层，工作在 GNSS L2 频段，采用圆形微带贴片天线形式，馈电方式为同轴探针四点馈电方式；图 3-3（b）位于天线的上层，工作在 GNSS L1 频段，采用圆形微带贴片天线形式，馈电方式为同轴探针四点馈电方式，馈电探针穿过 L2 天线与馈电网络相连接。

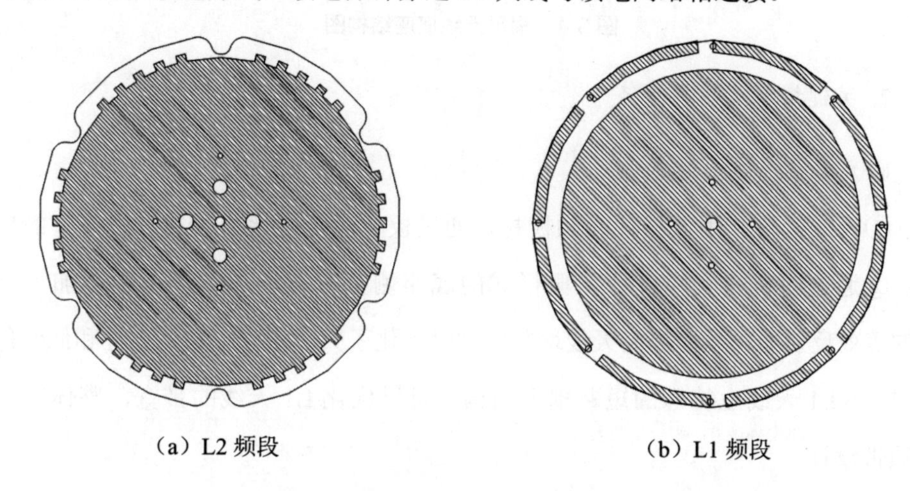

（a）L2 频段　　（b）L1 频段

图 3-3　扁平天线结构图

四点馈电方式具有四个正交配置的探针，相位依次为 0°、90°、180°、270°，通过移相器来实现，这种馈电方式容易实现圆极化，极化纯度高，带宽较宽，并且结构对称，天线的相位中心稳定性高。

其中 L1 频段在主辐射片的周围还设计了 8 个均匀分布的短路耦合枝节，通过这些枝节的耦合效果可以改善 L1 天线的增益和带宽。

由于天线尺寸很小，以上方案无法获得满意的天线性能，因此将天线金属底座进行特殊设计，如图 3-4 所示；金属底座的侧壁设计为致密的栅栏状，将 GNSS 微带贴片天线单元置于底座内部，通过增加底座上的电流路径间接增大天线辐射面面积，从而提高天线增益，提高天线带宽，改善天线波瓣宽度，实现宽频带、宽波束的辐射效果。

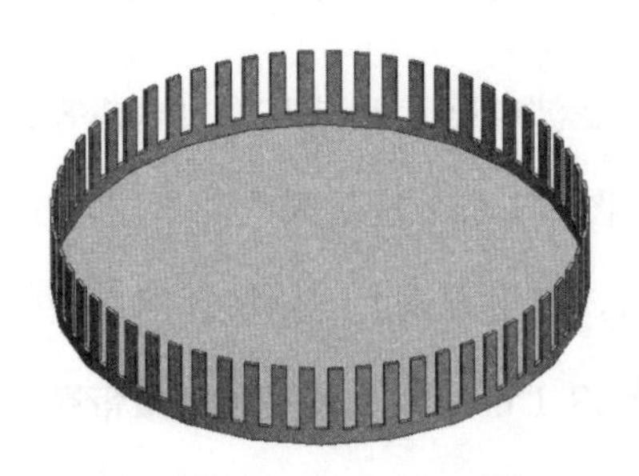

图 3-4　扁平天线底座结构图

2. 关键技术及解决途径

（1）多系统多频组合。

①天线材料选用低损耗高频板材，通过板材厚度的增加实现天线带宽的扩展；②通过创新的底座设计，栅栏式的底座侧壁可以增加电流路径，加大天线的等效反射面，从而提高天线增益，同时优化了天线相位中心稳定性和低仰角增益；③L1 天线上特殊的短路耦合结构，可以优化 L1 天线的带宽，整体实现宽频带设计。

（2）相位中心稳定性。

高精度应用中，相位中心稳定性是核心指标之一。为了使天线的相位中心与几何中心尽量重合，需要将天线设计得尽量对称，扁平天线采用结构完全对称的微带贴片天线设计方案，通过采用相位正交配置的馈电探针，来实现天线结构的尽量对称，从而提高天线相位中心稳定性；同时配合栅栏状的金属结构以及短路耦合结构，在改善天线增益带宽的情况下进一步保证天线相位中心稳定性。

（3）抗干扰能力。

实际使用中存在地面反射波或带外干扰信号等各种干扰，通过提高天线抗多径能力，可以抑制地面反射波影响，但无法消除带外干扰信号的影响。如果外来其他频率的干扰信号强度很大，会导致低噪声放大器饱和，失去放大能力，从而造成系统无法工作。

采用前置滤波方案可以提高带外信号的抗干扰能力，其原理是天线接收到信号后，通过带通滤波器滤波，先将带外干扰加以抑制，再进入低噪声放大器进行放大。这种方案可以明显提高系统的抗干扰能力，但因为滤波器本身有插入损耗，会带来增加系统噪声系数的缺点。因此，低插入损耗滤波器是必然选择。

3. 柱状天线

（1）设计方案

采用特殊的双四臂螺旋天线技术方案进行设计，其中 L2 频段采用臂长为半波长终端短路的设计方案，馈电采取直接馈电，L1 频段采用臂长为 1/4 波长终端开路的设计方案，馈电通过与 L2 辐射臂之间的耦合进行，如图 3-5 所示。四条辐射臂之间采用相位分别为 0°、90°、180°、270°的极化正交馈电，实现良好的圆极化性能；通过调整辐射臂的上升角和辐射臂之间的耦合量等参数，使两个频段的性能达到最佳，实现宽波束多频段覆盖，从而达到优异的收星性能。

L2 直接馈电产生法向模辐射，L1 耦合馈电产生背射模辐射；两种不同的辐射模式组合可以减小两个频段间的相互干扰，更有效地增加天线整体带宽。

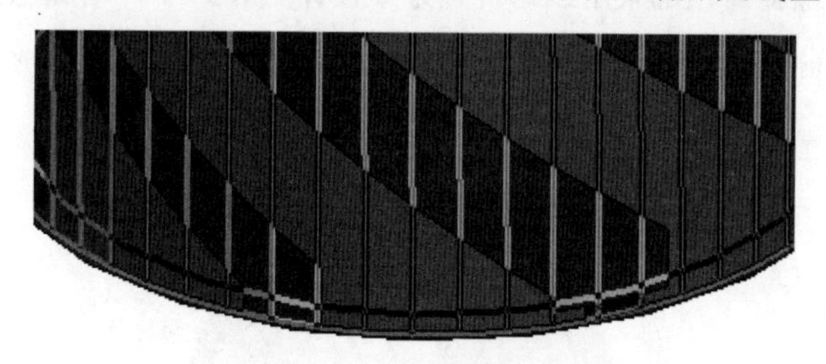

图 3-5　柱状天线馈电方式

由于 L1 天线通过与 L2 天线之间的耦合进行馈电，当耦合量较小时 L1 频点性能变差，当耦合量较大时 L2 性能会变差；为了方便控制耦合量，在 L2 螺旋臂上设计了突出的螺旋臂枝节，如图 3-6 所示，用于调节两个频段之间的耦合量，使两个频段达到均衡的性能。

图 3-6　柱状天线耦合枝节图

（2）关键技术及解决途径

① 宽频带、广角圆极化。

双四臂螺旋天线的设计方式既实现了天线小型化，又实现了主流导航系统全频点的接收，同时支持 L-band 频点。在设计中，通过对螺旋臂倾角、臂宽等核心参数的优化选取，实现了天线宽波束性能的提升。

② 体积小、增益高。

多种技术方案组合应用，提高了天线辐射效率，提高了天线顶点增益和低仰角增益，如在螺旋臂顶部采用线路折叠方案设计（图 3-7），增加电流路径，在减小天线尺寸的同时提高天线增益和辐射效率。保证了天线在遮挡严重等复杂、恶劣环境下的卫星跟踪能力，提高了系统的可靠性。

图 3-7　顶部线路折叠方案设计

③ 高稳定相位中心。

通过创新双四臂螺旋天线设计方案，结合本体对称性及新材料工艺等方面，实现毫米级高精度定位。

④ 抗干扰能力强。

独特的低噪放设计方案，通过使用小尺寸高带外抑制的声表滤波器及增加导航天线对干扰信号的抑制电路，提高了天线的抗干扰性能，增加了收星和定位的稳定性。

3.2 产品测试

3.2.1 测试指标

甄选技术指标高、稳定性高、可靠性强的卫星导航基础产品，测试指标如下：一是导航芯片，定位精度、启动时间、灵敏度、授时精度、差分增强功能、组合导航功能、多音干扰消除功能等关键指标。二是高精度模块，跟踪卫星数、星基增强功能、PPP 定位功能、组合导航功能、抗窄带干扰功能、时间特性、原始观测量精度、灵敏度、单点定位精度、DGNSS 定位精度、RTK 定位精度、RTK 初始化时间和可靠性、静态后处理精度等关键指标。三是宽带射频芯片，通道 3 dB 带宽、带内平坦度、带外抑制、输入 1 dB 压缩点、等效噪声系数、相位噪声、I/Q 适配误差等关键指标。四是高精度天线，相位中心偏差、轴比、极化增益、前后增益比、滚降系数、电压驻波比、噪声系数、增益、带外抑制、输出 1 dB 压缩点等关键指标。

以上指标均直接关系到基础产品及终端应用产品性能优劣，因此对测试提出高要求，必须覆盖所有核心功能性能指标，同时需结合产品实际应用场景，构建实际场景测试，对面向用户的基础产品实际应用性能进行考核，充分验证产品性能。

3.3.2 测试手段

测试手段主要包括室内模拟信号测试和外场实际信号测试。

（1）室内模拟信号测试。

该测试环境利用卫星导航信号模拟器搭建测试平台，是目前最常用的测试形态。其测试原理是利用卫星导航信号模拟器产生卫星射频信号输入给被测终端，终端卫星信号处理模块接收信号进行定位解算并将导航结果上报给控制评估计算机，控制评估计算机将上报的定位结果与模拟器的参考轨迹信息进行比对，得出终端的性能参数，测试原理如图 3-8 所示。

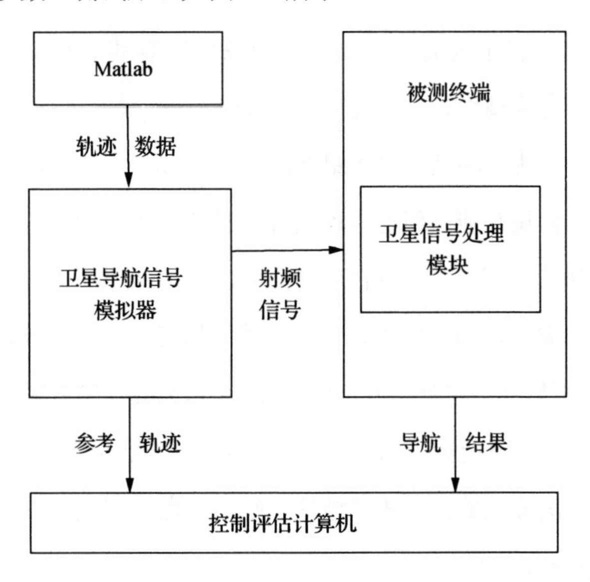

图 3-8　室内模拟信号测试原理示意图

卫星导航信号模拟器是该测试形态的主要支柱，具备完备的卫星导航信号仿真能力和操控能力，能够设定某颗卫星位置变化规律，轨道、卫星钟差、电离层和对流层时延等系统误差可控，输出信号功率亦可控，成为导航实验室和测试研发机构不可或缺的仪器。利用其搭建的测试平台进行终端性能测试，具有成本低、重复性好、测试流程可控、测试效率高等优点，室内有线测试系统连接示意图如图 3-9 所示。

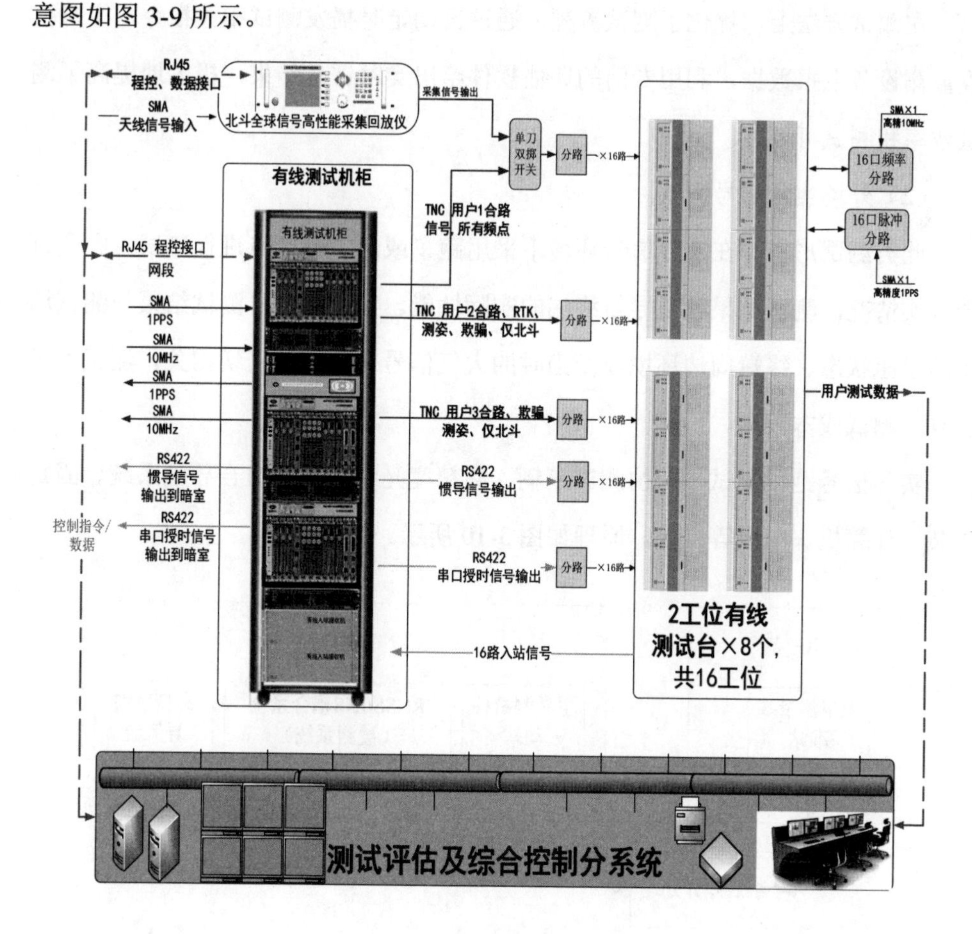

图 3-9 室内有线测试系统连接示意图

具体工作过程如下：测试评估与综合控制分系统根据实际测试需求，生成相应的测试控制指令及仿真参数，控制有线测试机柜中信号源生成或采集回放仪回放相应的导航测试信号，经过信号分路播发到 16 路有线测试工位台，开始对有线测试工位台上导航终端开展测试评估，并将测试数据通过网络链路回传至测试评估与综合控制分系统，测试评估与综合控制分系统对测试数据进行分析，输出测试评估结果。此过程中，可以通过时频基准分系统提供统一标准时频基准，保证测试结果准确性。

在测试方法上，优化了测试流程，通过自动定时播发测试相关指令，实时接收被测设备上报数据，利用专门的评估软件给出实时评估结果，极大地提高了测试效率和测试可控性。

（2）外场实际信号测试。

此类测试形态即在实际信号环境下采用跑车或静态基准点进行测试，完全符合真实情况，测试结果就是导航终端的实际性能。但实际信号测试结果与测试场景的星座状态、终端周边环境以及当时的大气信号传播环境密切相关，测试不可重复，测试成本较高。

实际信号跑车测试平台由测试车辆、高精度光纤深耦合组合导航系统、固定工装、计算机、电源等组成，原理如图 3-10 所示。

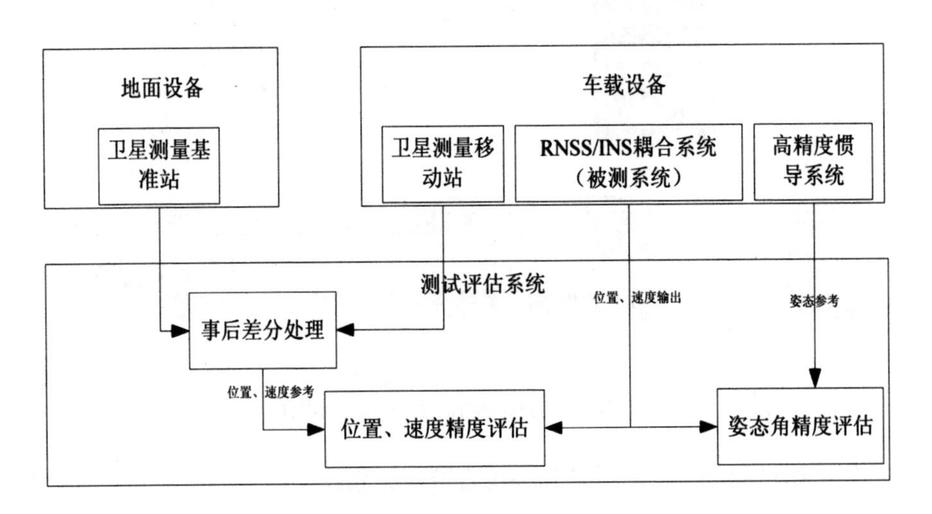

图 3-10　实际信号测试系统原理图

对于 RTK 性能测试，原理如图 3-11 所示。

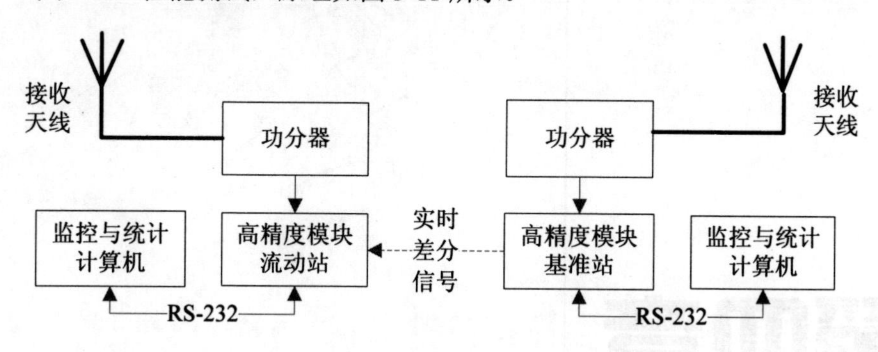

图 3-11　实际信号 RTK 性能测试原理图

3.3　小　结

卫星导航基础产品涉及研发、生产、测试及场景应用，在卫星导航系统应用推广过程中，我国已形成完整的设计及测试能力。本章简要介绍了基础产品关键技术、测试手段等内容。

第四章

导航芯片测试方法

导航芯片主要包括对定位精度要求在亚米级、米级、十米级的各类导航应用领域，以及精度要求在厘米级、毫米级的民用高精度应用市场。目前主流产品包括多系统高精度射频基带一体化芯片及民用卫星无线电导航（RNSS）射频基带一体化芯片，主要面向大众手机、车载、授时、航空、航海、物联网、智能穿戴、老人和儿童关爱等应用领域。

4.1　技术指标要求

面向北斗三号系统信号体制要求以及高精度应用需求，本书梳理了导航芯片主要功能性能要求，对标导航类产品测试相关标准，重点参考了北斗三号民用基础产品技术要求和测试方法系列文件中的指标要求。

4.1.1　功能要求

（1）信号接收功能。

可选择支持如下卫星导航系统相关导航信号的接收处理，并可实现单系统定位和多系统联合定位：

- BDS：B1I/B1C。
- GPS：L1C/A/L5。
- GALILEO E1/E5。

自主选择是否支持 GLONASS、QZSS、SBAS 等其他导航系统信号。

（2）差分增强功能。

可接收伪距差分校正数据，可内置实现伪距差分算法。

（3）组合导航功能。

具有惯导数据接口，可内置实现组合导航算法。

（4）A-GNSS 功能。

可接收网络侧提供的辅助信息实现快速信号捕获和定位。厂家可自主选择是否支持离线或在线的扩展星历预测功能。

（5）多音干扰消除功能。

可有效抑制芯片工作环境中存在的带内不少于 6 个连续波单音干扰，总干扰功率不低于−75 dBm。

4.1.2　性能要求

（1）首次定位时间。

首次定位时间（TTFF）是指接收机启动后至给出第一个满足定位精度要求结果所需的时间，影响它的主要两个因素是对多个卫星信号捕获的快慢和获取有效星历的时间长短。

多系统联合定位和 BD 单系统定位模式下：

- 冷启动：≤35 s
- 热启动：≤1 s
- 重捕获：≤1 s
- A-GNSS 冷启动：
    - 只有星历信息，没有时间辅助条件下：≤15 s。
    - 有星历和时间辅助精度 10 ms 以内条件下：≤4 s。

■ 有星历和时间辅助精度 1 μs 以内条件下：<1 s。

（2）灵敏度。

在冷启动条件下，捕获导航信号并正常定位所需的最低信号电平为捕获灵敏度；在正常定位后，能够继续保持对导航信号的跟踪和定位所需的最低信号电平为跟踪灵敏度。

多系统联合定位模式下：

- 冷启动：−147 dBm。
- 热启动：−156 dBm。
- 跟踪：−163 dBm。
- 重捕获：−160 dBm。

BD 单系统定位模式下（B1I 信号）：

- 冷启动：−138 dBm（GEO 卫星）、−145 dBm（非 GEO 卫星）。
- 跟踪：−145 dBm（GEO 卫星）、−163 dBm（非 GEO 卫星）。

（3）定位、测速和授时精度。

- 单点定位精度：水平优于 3 m，垂直优于 5 m（1σ）。
- 伪距差分定位精度：水平优于 1 m，垂直优于 2 m（1σ）。
- 测速精度：优于 0.1 m/s（1σ，三维）。
- 授时精度：优于 100 ns（1σ）。

（4）典型城市峡谷环境下的定位性能。

在典型城市峡谷环境中保持 20 m（1σ）的水平定位精度。

（5）多音干扰抑制性能。

可抑制分布在 B1I 和 L1C/A 信号频带内总数不少于 6 个的连续波干扰，总干扰功率不低于−75 dBm。

（6）功耗。

卫星导航部分在双系统连续工作模式（continuous mode）下功耗不高于80 mW。

（7）数据接口要求。

- 支持 UART、I2C 接口。
- 支持 NEMA 0183 4.1 和 RTCM 3.1 协议。
- 定位数据最高输出频度：不低于 2 Hz（双系统工作情况下）。

4.2 测试及评估方法

4.2.1 静态定位精度（实际信号）

该指标为评估被测设备利用实际信号的静态定位性能。

1. 测试方法及步骤

（1）被测设备加电。

（2）被测设备接收实际卫星信号，约 10 s 后，测试系统每隔 5 s 发送一次 SIR 指令（共发送两次），设定被测设备工作模式为单 BDS 模式 B1I 频点，且被测设备为冷启动状态。

（3）约 10 s 后，测试系统每隔 5 s 发送一次 RMO 指令（共发送两次），提示被测设备关闭全部语句。

（4）约 10 s 后，测试系统每隔 5 s 发送一次 RMO 指令（共发送两次），提示被测设备打开 GGA，并按 1 Hz 实时上报 GGA 语句。

（5）约 10 s 后，测试系统控制被测设备断电。

（6）10 s 后，被测设备上电，开机后等 15 min 后正式开始测试，测试时间为 24 h，采集并存储被测模块实时输出的定位信息。

（7）更改被测设备工作模式为 B1I+L1C/A 频点，且被测设备为冷启动状态。重复步骤（3）～（6）。

2. 评估方法

通过采集的各时刻定位数据，剔除定位语句中有效标示符为“无效”的数据。

在得到的剩余实时定位数据中剔除平面精度因子 HDOP＞4 或位置精度因子 PDOP＞6 的测量数据。

剔除后的定位数据参与定位准确度的解算，参与解算的定位数据与标定的已知位置值相比，计算定位准确度。

数据处理：将被测模块输出的大地坐标系（BLH）定位数据转换为站心坐标系（NEU）定位数据。

计算各历元输出的定位数据在站心坐标系下各方向（N、E、U 方向，即北、东、天方向）的定位误差，计算方式如下：

$$\begin{cases} \Delta N_i = N_i - N_{0i} \\ \Delta E_i = E_i - E_{0i} \\ \Delta U_i = U_i - U_{0i} \\ \Delta H_i = \sqrt{\Delta N_i^2 + \Delta E_i^2} \end{cases} \tag{4-1}$$

式中　ΔN_i、ΔE_i、ΔE_i、ΔH_i——第 i 次实时定位数据的 N、E、U 方向和水平方向的定位误差（$i = 1, 2, \cdots, n$），m；

N_i、E_i、U_i——第 i 次实时定位数据的 N、E、U 方向分量，m；

N_{0i}、E_{0i}、U_{0i}——第 i 次实时定位的标准点坐标 N、E、U 方向分量，m；

计算站心坐标系下各方向的定位偏倚（bias，一般译为“偏差”）：

$$\bar{\Delta}_{\mathrm{N}} = \frac{\sum_{i=1}^{n} \Delta N_i}{n}$$

$$\bar{\Delta}_{\mathrm{E}} = \frac{\sum_{i=1}^{n} \Delta E_i}{n} \tag{4-2}$$

$$\bar{\Delta}_{\mathrm{U}} = \frac{\sum_{i=1}^{n} \Delta U_i}{n}$$

式中　$\bar{\Delta}_{\mathrm{N}}$、$\bar{\Delta}_{\mathrm{E}}$、$\bar{\Delta}_{\mathrm{U}}$——定位偏倚的 N、E、U 方向分量，m。

计算定位误差的标准差（standard deviation）：

$$\sigma_{\mathrm{N}} = \sqrt{\frac{1}{n-1}\sum_{i=1}^{n}(\Delta N_i - \bar{\Delta}_N)^2}$$

$$\sigma_{\mathrm{E}} = \sqrt{\frac{1}{n-1}\sum_{i=1}^{n}(\Delta E_i - \bar{\Delta}_E)^2} \tag{4-3}$$

$$\sigma_{\mathrm{U}} = \sqrt{\frac{1}{n-1}\sum_{i=1}^{n}(\Delta U_i - \bar{\Delta}_U)^2}$$

$$\sigma_{\mathrm{H}} = \sqrt{\sigma_{\mathrm{N}}^2 + \sigma_{\mathrm{E}}^2}$$

式中　σ_{N}、σ_{E}、σ_{U}——定位误差的标准差在 N、E、U 方向的分量，m;

σ_{H}——定位误差的标准差在水平方向的分量，m。

水平方向：

$$U_{\mathrm{H}} = \sigma_{\mathrm{H}}$$

垂直方向：

$$U_{\mathrm{U}} = \sigma_{\mathrm{U}}$$

N、E、U 三个方向的定位偏差（$\bar{\Delta}_{\mathrm{E}}$、$\bar{\Delta}_U$、$\bar{\Delta}_{\mathrm{N}}$）：

$$\bar{\Delta}_{\mathrm{H}} = \sqrt{\bar{\Delta}_{\mathrm{N}}^2 + \bar{\Delta}_{\mathrm{E}}^2} \tag{4-4}$$

$$水平最大允许误差=\left|\bar{\Delta}_{\mathrm{H}}\right|+U_{\mathrm{H}}$$

$$垂直最大允许误差=\left|\bar{\Delta}_{\mathrm{U}}\right|+U_{\mathrm{U}}$$

定位可用性=参与计算的有效历元数/定位总历元数

定位可用性低于90%则判定此项测试失败。

4.2.2 B1C 频点接收功能测试

测试被测设备是否可支持 B1C 频点进行定位。

1. 测试方法及步骤

（1）按图 4-1 连接测试设备，按下列要求设置测试系统。

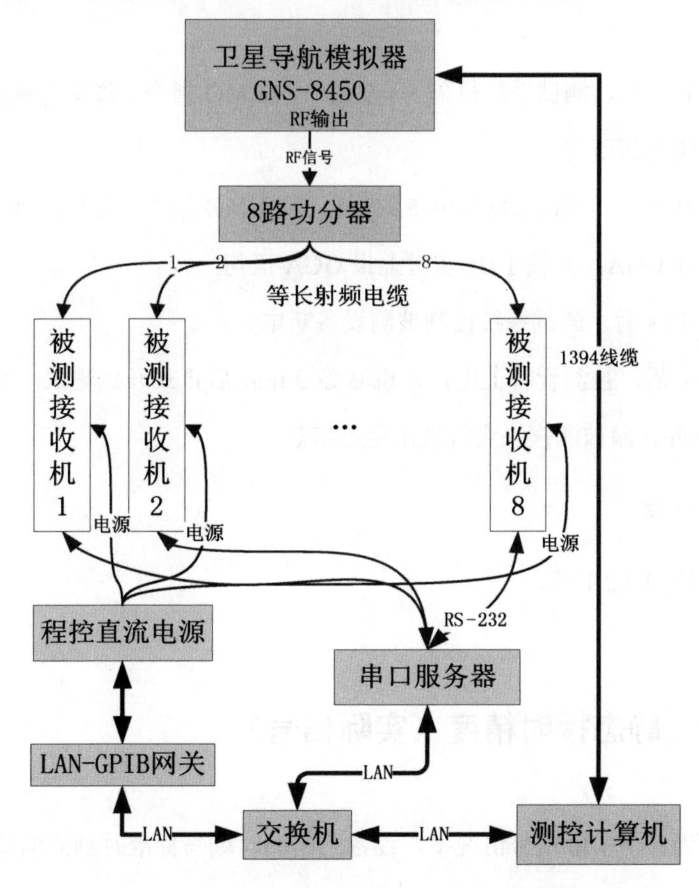

图 4-1 模拟器信号测试的设备连接框图

卫星轨道、卫星钟差、电离层时延、对流层时延等误差参数设置为无时变误差模式。

卫星星座设置：不少于 9 颗 BDS 全球系统卫星，满足 PDOP≤5。

用户轨迹模型：最大动态（2 m/s，0.05*g*）。

（2）卫星频点设置：设置测试系统输出 B1C 频点。

设置测试系统输出卫星至被测设备射频输入口信号功率-128 dBm。

（3）被测设备加电，约 10 s 后，测试系统每隔 5 s 发送一次 SIR 指令（共发送两次），设定被测设备工作模式为单 BDS 模式 B1C 频点，且被测设备为冷启动状态。

（4）约 10 s 后，测试系统每隔 5 s 发送一次 RMO 指令（共发送两次），提示被测设备关闭全部语句。

（5）约 10 s 后，测试系统每隔 5 s 发送一次 RMO 指令（共发送两次），提示被测设备打开 GGA，并按 1 Hz 实时上报 GGA 语句。

（6）约 10 s 后，测试系统控制被测设备断电。

（7）10 s 后，被测设备上电，开机后等 3 min 后正式开始测试，测试时间为 5 min，采集并存储被测模块实时输出定位信息。

2. 评估方法

评估方法同 4.2.1 节。

4.2.3 静态授时精度（实际信号）

该指标为评估实际信号情况下，设备给出的时刻与标准时刻的偏差。

1. 测试方法及步骤

（1）按图 4-2 连接测试设备；

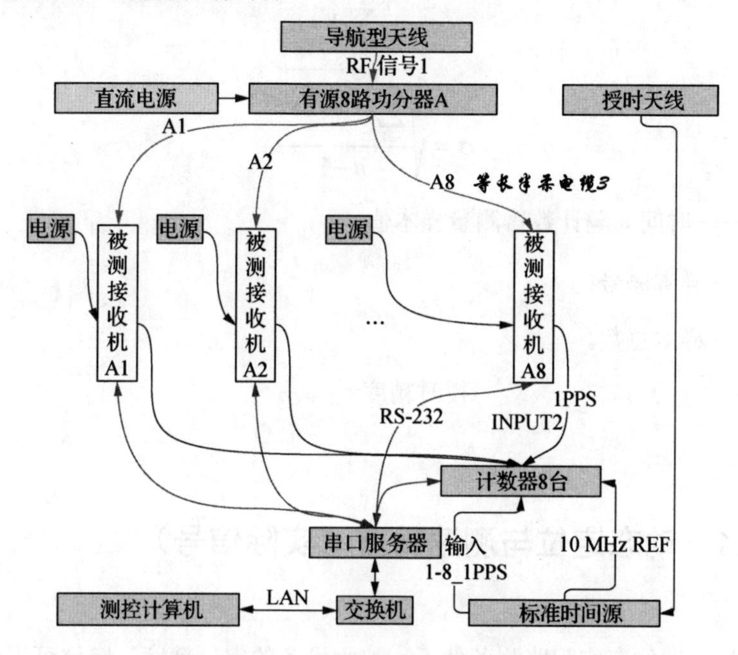

图 4-2 授时测试设备连接图

（2）被测设备加电。

（3)被测设备接收实际卫星信号，约 10 s 后，测试系统每隔 5 s 发送一次 SIR 指令（共发送两次），设定被测设备工作模式为单 BDS 模式 B1I 频点，且被测设备为冷启动状态，设备断电。

（4）10 s 后设备上电，15 min 后，利用时间间隔计数器测量被测设备输出的时刻上升沿时刻与基准时刻输出的 1PPS 上升沿时刻的差值，统计定时准确度，测试时间 24 h。

（5）测试系统每隔 5 s 发送一次 SIR 指令（共发送两次），设定被测设备在 B1I+ L1C/A 模式下，重复步骤（4）。

2. 评估方法

评估方法遵循

$$\bar{x}=\frac{1}{n}\sum_{i=1}^{n}X_i$$

$$\sigma=\sqrt{\frac{\sum_{i=1}^{n}(x_i-\bar{x})^2}{n-1}}$$

式中　x_i——时间间隔计数器测量样本值；

i——样本序号；

n——样本总数。

$$授时精度=\bar{x}+\sigma$$

4.2.4　动态定位与测速精度（实际信号）

该指标为评估在实际路测条件下，被测设备的定位精度、定位可用性。定位精度指被测设备输出的定位点偏离路径真值的程度。定位可用性指被测设备输出满足定位精度要求的定位点数与总点数的比值。

1. 测试方法及步骤

（1）按图 4-3 连接测试设备，场景为开阔路段与综合路段两种。

（2）测试组负责组合惯导系统基准站和流动站，以及除被测设备外的其他仪器设备的安装、连接及调试。其中基准站安装在楼顶开阔位置，装车的 RTK 天线与导航天线顺着车头方向顺序放置，导航天线放置在两个 RTK 天线中间，间距不超过 20 cm。在天线放置位置做标记，隔天测试时天线放置在同一位置。

（3）将被测设备放置在测试工位上，并对被测设备进行连接和状态检查。

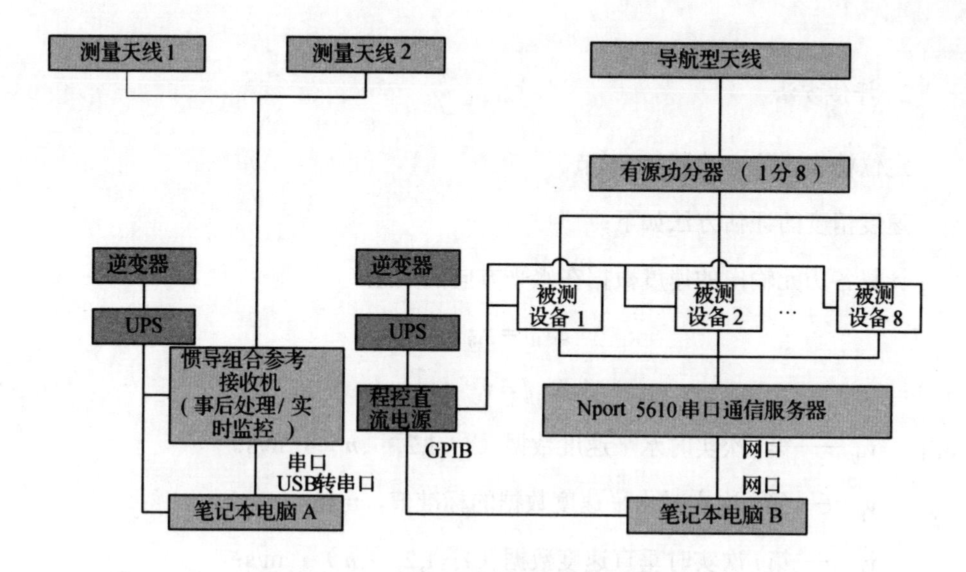

图4-3　动态定位测试连接原理图

（UPS—不间断电源设备；CPIB—通用接口总线）

（4）被测设备加电，在开阔天空下接收实际卫星信号，约10 s后，测试系统每隔5 s发送一次SIR指令（共发送两次），设定测试设备在BDS模式B1I频点下。

（5）约10 s后，测试系统每隔5 s发送一次RMO指令（共发送两次），提示被测设备打开GGA语句与DHV语句，并按1 Hz实时上报GGA语句与DHV语句，设备断电。

（6）10 s后设备加电，在开阔天空下进行20 min收星，随后测试车辆低速行驶进行动态初对准，然后正式开始测试，按既定路线跑车，实时采集被测设备输出定位信息（GGA）与速度信息（DHV），取开阔路段数据进行测速评估，综合路段数据进行定位评估。

（7）设置被测设备工作在BDS+GPS模式B1I+L1C/A频点下，重复步骤（4）～（5）。

（8）统计定位精度、测速精度、定位可用性。

2. 评估方法

定位精度评估方法同4.2.1节。

速度精度的评估方法如下：

计算各历元输出的速度数据在水平方向的误差：

$$\Delta v_{\mathrm{H}i} = v_{\mathrm{H}i} - v_{\mathrm{H0}}$$

$$\Delta v_{\mathrm{U}i} = v_{\mathrm{U}i} - v_{\mathrm{U0}}$$

式中　$v_{\mathrm{H}i}$——第i次实时水平速度数据（$i=1,2,\cdots,n$），m/s；

v_{H0}——第i次实时水平速度数据的标准值，m/s；

$v_{\mathrm{U}i}$——第i次实时垂直速度数据（$i=1,2,\cdots,n$），m/s；

v_{U0}——第i次实时垂直速度数据的标准值，m/s。

计算水平方向的速度偏倚：

$$\bar{\Delta}_{\mathrm{VH}} = \frac{\sum_{i=1}^{n} \Delta_{\mathrm{VH}i}}{n}$$

式中　$\bar{\Delta}_{\mathrm{VH}}$——水平方向速度偏倚，m/s。

计算垂直方向的速度偏倚：

$$\bar{\Delta}_{\mathrm{VU}} = \frac{\sum_{i=1}^{n} \Delta_{\mathrm{VU}i}}{n}$$

式中　$\bar{\Delta}_{\mathrm{VU}}$——垂直方向速度偏倚，m/s。

三维方向速度偏倚$\bar{\Delta}_{\mathrm{V}} = \sqrt{\bar{\Delta}_{\mathrm{VH}}{}^2 + \bar{\Delta}_{\mathrm{VU}}{}^2}$。

计算水平速度误差的标准差（standard deviation）：

$$\sigma_{\mathrm{VH}} = \sqrt{\frac{1}{n-1}\sum_{i=1}^{n}(\Delta_{\mathrm{VH}i} - \bar{\Delta}_{\mathrm{VH}})^2}$$

式中　σ_{VH}——水平速度误差标准差，m/s。

计算垂直速度误差的标准差：

$$\sigma_{VU}=\sqrt{\frac{1}{n-1}\sum_{i=1}^{n}(\varDelta V_{Ui}-\bar{\varDelta}_{VU})^2}$$

式中　σ_{VU}—— 垂直速度误差标准差，m/s。

三维方向速度误差的标准差：

$$\sigma_V=\sqrt{{\sigma_{VH}}^2+{\sigma_{VU}}^2}$$

$$\text{三维速度精度}=\bar{\varDelta}_V+\sigma_V。$$

定位可用性=参与计算的有效历元数/定位总历元数。

定位可用性低于90%，则判定此项测试失败。

4.2.5　冷启动首次定位时间

冷启动首次定位时间是指被测设备在无有效星历、历书、概略位置及时间等信息条件下，从加电到首次满足定位精度要求时所需的时间。

4.2.5.1　测试方法及步骤

1. 无辅助下测试方法及步骤

（1）测试系统仿真生成多个测试场景。

（2）按下列要求设置测试系统：

卫星轨道、卫星钟差、电离层时延、对流层时延等误差参数设置为无时变误差模式。

卫星星座设置：

单BDS模式：不少于9颗可见BDS卫星，满足PDOP≤5。

BDS+GPS模式：6颗可见BDS卫星，6颗可见GPS卫星，满足PDOP≤5。

用户轨迹模型：最大动态（2 m/s，0.05*g*）。

RF 输出设置：

单 BDS 模式：设置测试系统输出 B1I 频点信号。

BDS+GPS 模式：设置测试系统输出 B1I 信号和 L1C/A 频点信号。

设置测试系统输出信号至被测设备射频输入口信号功率为-133 dBm。

（3）被测设备加电，约 10 s 后，测试系统每隔 5 s 发送一次 SIR 指令（共发送两次），设定被测设备工作模式为单 BDS 模式 B1I 频点，且被测设备为冷启动状态。

（4）约 10 s 后，测试系统每隔 5 s 发送一次 RMO 指令（共发送两次），提示被测设备关闭全部语句。

（5）约 10 s 后，测试系统每隔 5 s 发送一次 RMO 指令（共发送两次），提示被测设备打开 GGA，并按 1 Hz 实时上报 GGA 语句。

（6）约 10 s 后，测试系统控制被测设备断电，控制测试系统发送 RF 信号。

（7）约 30 s+delta（delta 取 1～30 s 的随机数）后，测试系统给被测设备加电，并开始计时，实时输出定位结果至测试系统。测试时间 2 min。

（8）测量测试系统控制被测设备加电至被测设备输出满足定位精度要求（三维定位结果连续十次小于 10 m）的第一个定位结果的时间间隔 t_i。

（9）被测设备断电，测试系统更换测试场景，使被测设备保存的星历、历书、位置及时间等信息处于失效状态。

（10）重复步骤（3）～（9），重复十次，统计冷启动首次定位时间 t。

（11）被测设备接收模拟卫星信号，约 10 s 后，测试系统每隔 5 s 发送一次 SIR 指令（共发送两次），设定被测设备工作模式为模式 BDS+GPS 模式 B1I+L1C/A 频点，且被测设备为冷启动状态。重复步骤（4）～（10）。

2. 有辅助下测试方法及步骤

（1）测试系统仿真生成多个测试场景，测试设备连接示意图如图 4-4 所示。

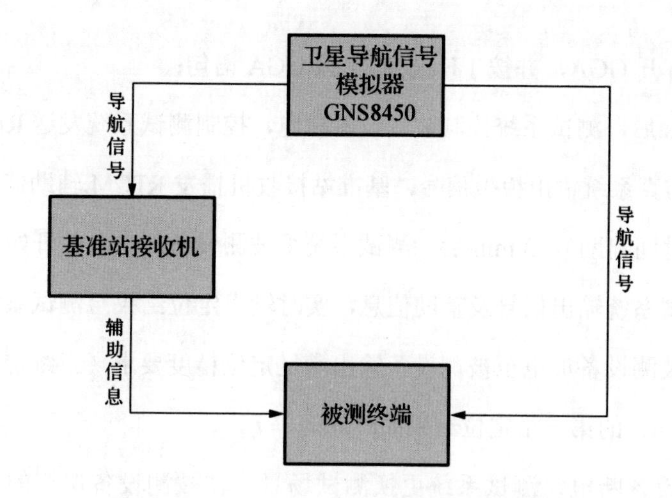

图 4-4　A-GNSS 测试设备连接示意图

（2）按下列要求设置测试系统。

卫星轨道、卫星钟差、电离层时延、对流层时延等误差参数设置为无时变误差模式。

卫星星座设置：

单 BDS 模式：5 颗可见 BDS 卫星（2GEO+3 非 GEO），满足 PDOP≤5。

用户轨迹模型：最大动态（2 m/s，0.05*g*）。

RF 输出设置：

单 BDS 模式：设置测试系统输出 B1I 频点信号。

设置测试系统输出信号至被测设备射频输入口信号功率为-133 dBm。

（3）被测设备加电，约 10 s 后，测试系统每隔 5 s 发送一次 SIR 指令（共发送两次），设定被测设备工作模式为单 BDS 模式 B1I 频点，且被测设备为冷启动状态。

（4）约 10 s 后，测试系统每隔 5 s 发送一次 RMO 指令（共发送两次），提示被测设备关闭全部语句。

（5）约 10 s 后，测试系统每隔 5 秒钟发送一次 RMO 指令（共发送两次），提示被测设备打开 GGA，并按 1 Hz 实时上报 GGA 语句；

（6）约 10 s 后，测试系统控制被测设备断电，控制测试系统发送 RF 信号。

（7）控制仿真系统输出模拟信号，基准站接收机播发 RTCM 辅助信息（只有星历信息，无时间辅助），3 min 后，测试系统给被测设备加电，并开始计时，被测设备接收测试系统输出信号及辅助信息，实时输出定位结果至测试系统，测量测试系统控制被测设备加电至被测设备输出满足定位精度要求（三维定位结果连续十次小于 10 m）的第一个定位结果的时间间隔 t_i。

（8）被测设备断电，测试系统更换测试场景，使被测设备保存的星历、历书、位置及时间等信息处于失效状态。

（9）重复步骤（3）～（8），重复十次，统计冷启动首次定位时间 t，即为只有星历信息无时间辅助下的首次定位时间。

（10）重复步骤（3）～（6）。

（11）控制仿真系统输出模拟信号，基准站接收机播发 RTCM 辅助信息（有星历和时间辅助信息），3 min 后，测试系统给被测设备加电，并开始计时，被测设备接收测试系统输出信号及辅助信息，实时输出定位结果至测试系统，持续时间 2 min。

（12）测试系统控制被测设备断电，断电期间改变四颗 BDS 可见卫星。

（13）500 s 后，被测设备加电，测量测试系统控制被测设备加电至被测设备输出满足定位精度要求（三维定位结果连续十次小于 10 m）的第一个定位结果的时间间隔 t_i。

（14）被测设备断电，测试系统更换测试场景，使被测设备保存的星历、历书、位置及时间等信息处于失效状态。

（15）重复步骤（10）～（14），重复十次，统计冷启动首次定位时间 t，即为有星历和时间辅助信息下的首次定位时间。

4.2.5.2 **评估方法**

每项测试取十次测试中的九个有效结果取平均值（去掉最大值），作为测试结果。有效结果不足九个的，视为本项不通过。

4.2.6 热启动首次定位时间

热启动首次定位时间是指被测设备在具备有效星历、历书、概略位置及时间等信息条件下，从加电开始到首次满足定位精度要求时所需的时间。

1. *测试方法及步骤*

（1）测试系统仿真生成多个测试场景。

（2）按下列要求设置测试系统。

卫星轨道、卫星钟差、电离层时延、对流层时延等误差参数设置为无时变误差模式。

卫星星座设置：

单 BDS 模式：不少于 9 颗可见 BDS 卫星，满足 PDOP≤5。

BDS+GPS 模式：6 颗可见 BDS 卫星，6 颗可见 GPS 卫星，满足 PDOP≤5。

用户轨迹模型：最大动态（2 m/s，0.05*g*）。

RF 输出设置：

单 BDS 模式：设置测试系统输出 B1I 信号。

BDS+GPS 模式：设置测试系统输出 B1I 频点信号和 L1C/A 频点信号。

设置测试系统输出信号至被测设备射频输入口信号功率为-133 dBm。

（3）被测设备加电，约 10 s 后，测试系统每隔 5 s 发送一次 SIR 指令（共发送两次），设定被测设备工作模式为单 BDS 模式 B1I 频点，且被测设备为冷启动状态。

（4）约 10 s 后，测试系统每隔 5 s 发送一次 RMO 指令（共发送两次），提示被测设备关闭全部语句。

（5）约 10 s 后，测试系统每隔 5 s 发送一次 RMO 指令（共发送两次），提示被测设备打开 GGA，并按 2 Hz 实时上报 GGA 语句。

（6）约 10 s 后，测试系统控制被测设备断电。

（7）控制仿真系统输出模拟信号，10 s 后控制被测设备加电，被测设备接收测试系统输出信号后，实时输出定位结果至测试系统，等待 2 min 后，被测设备断电。

（8）5 min 后，测试系统控制被测设备加电，被测设备接收测试系统输出信号，实时输出定位信息至测试系统。测试时间 2 min。

（9）测量测试系统给被测设备加电至被测设备输出满足定位精度要求（三维定位结果连续十次小于 10 m）的第一个定位结果的时间间隔 t_i。

（10）重复步骤（4）～（9），重复十次，统计热启动首次定位时间 t。

（11）被测设备接收模拟卫星信号，约 10 s 后，测试系统每隔 5 s 发送一次 SIR 指令（共发送两次），设定被测设备工作模式为 BDS+GPS 模式 B1I+L1C/A 频点，且被测设备为冷启动状态。重复步骤（4）～（10）。

2. *评估方法*

每项测试取十次测试中的九个有效结果取平均值（去掉最大值），作为测试结果。有效结果不足九个的，视为本项不通过。

4.2.7　重捕获时间

重捕获时间是信号在短时间内出现中断时，从信号恢复到满足定位精度要求时所需的时间。

1. 测试方法及步骤

（1）按下列要求设置测试系统。

卫星轨道、卫星钟差、电离层时延、对流层时延等误差参数设置为无时变误差模式。

卫星星座设置：

单 BDS 模式：不少于 9 颗可见 BDS 卫星，满足 PDOP≤5。

BDS+GPS 模式：6 颗可见 BDS 卫星，6 颗可见 GPS 卫星，满足 PDOP≤5。

用户轨迹模型：最大动态（2 m/s，0.05*g*）。

RF 输出设置：

单 BDS 模式：设置测试系统输出 B1I 频点信号。

BDS+GPS 模式：设置测试系统输出 B1I 频点信号和 L1C/A 频点信号。

设置测试系统输出信号至被测设备射频输入口信号功率为−133 dBm。

（2）被测设备加电，约 10 s 后，测试系统每隔 5 s 发送一次 SIR 指令（共发送两次），设定被测设备工作模式为单 BDS 模式 B1I 频点，且被测设备为冷启动状态。

（3）约 10 s 后，测试系统每隔 5 s 发送一次 RMO 指令（共发送两次），提示被测设备关闭全部语句。

（4）约 10 s 后，测试系统每隔 5 s 发送一次 RMO 指令（共发送两次），提示被测设备打开 GGA，并按 2 Hz 实时上报 GGA 语句。

（5）约 10 s 后，测试系统控制被测设备断电。

（6）10 s 后，控制仿真系统输出模拟信号，10 s 后控制被测设备加电，被测设备接收测试系统输出信号后，实时输出定位结果至测试系统，等待 2 min 后，中断信号 30 s。

（7）30 s 后，控制仿真系统播发信号，测量测试系统发送信号至被测设备输出满足定位精度要求（三维定位结果连续十次小于 10 m）的第一个定位结果的时间间隔 t_i。测试时间 2 min。

（8）重复步骤（2）～（7），重复十次，统计重捕获时间 t。

（9）被测设备加电，被测设备接收模拟卫星信号，约 10 s 后，测试系统每隔 5 s 发送一次 SIR 指令（共发送两次），设定被测设备工作模式为 BDS+GPS 模式 B1I+L1C/A 频点，且被测设备为冷启动状态。重复步骤（2）～（8）。

2. 评估方法

每项测试取十次测试中的九个有效结果取平均值（去掉最大值），作为测试结果。有效结果不足九个的，视为本项不通过。

4.2.8 冷启动捕获灵敏度

冷启动捕获灵敏度是指在规定的时间内（本测试为 300 s），在冷启动条件下，被测设备输出定位信息满足要求时的最低接收信号电平。

4.2.8.1 测试方法及步骤

按下列要求设置测试系统。

卫星轨道、卫星钟差、电离层时延、对流层时延等误差参数设置为无时变误差模式。

卫星星座设置：

场景1：5颗BDS的GEO卫星+2颗BDS的非GEO卫星，满足PDOP≤6。

场景2：1颗BDS的GEO卫星+5颗BDS的非GEO卫星，满足PDOP≤6。

场景3：BDS+GPS模式下，不少于6颗可见BDS卫星，6颗可见GPS卫星，满足PDOP≤6。

用户轨迹模型：最大动态（2 m/s，0.05*g*）。

RF输出设置：

单BDS模式：设置测试系统输出B1I（场景1）频点信号。

单BDS模式：设置测试系统输出B1I（场景2）频点信号。

BDS+GPS模式：设置测试系统输出B1I频点信号和L1C/A频点信号。

1. B1I信号（GEO卫星）捕获灵敏度

（1）设置测试系统输出信号至被测设备射频输入口-139 dBm。

（2）被测设备加电，约10 s后，测试系统每隔5 s发送一次SIR指令（共发送两次），设定被测设备工作模式为单BDS模式B1I（场景1）频点，且被测设备为冷启动状态。

（3）约10 s后，测试系统每隔5 s发送一次RMO指令（共发送两次），提示被测设备关闭全部语句。

（4）约10 s后，测试系统每隔5 s发送一次RMO指令（共发送两次），提示被测设备打开GGA，并按1 Hz实时上报GGA语句。

（5）约10 s后，测试系统控制被测设备断电。

（6）10 s后设备加电，被测设备接收测试系统输出信号，实时输出定位信息至测试系统。测试时间为5 min。

（7）更换测试场景，重新设置测试系统输出信号功率，步进1 dB。使被测设备保存的星历、历书、位置及时间等信息处于失效状态。

（8）重复步骤（2）～（7），至-131 dBm 结束。

2. B1I 信号（非 GEO 卫星）捕获灵敏度

（1）设置测试系统输出信号至被测设备射频输入口-146 dBm。

（2）被测设备加电，约 10 s 后，测试系统每隔 5 s 发送一次 SIR 指令（共发送两次），设定被测设备工作模式为单 BDS 模式 B1I（场景 2）频点，且被测设备为冷启动状态。

（3）约 10 s 后，测试系统每隔 5 s 发送一次 RMO 指令（共发送两次），提示被测设备关闭全部语句。

（4）约 10 s 后，测试系统每隔 5 s 发送一次 RMO 指令（共发送两次），提示被测设备打开 GGA，并按 1 Hz 实时上报 GGA 语句。

（5）约 10 s 后，测试系统控制被测设备断电。

（6）10 s 后设备加电，被测设备接收测试系统输出信号，实时输出定位信息至测试系统。测试时间为 5 min。

（7）更换测试场景，重新设置测试系统输出信号功率，步进 1 dB。使被测设备保存的星历、历书、位置及时间等信息处于失效状态。

（8）重复步骤（2）～（7），至-138 dBm 结束。

3. B1I+L1C/A 信号捕获灵敏度

（1）设置测试系统输出信号至被测设备射频输入口-148 dBm。

（2）被测设备加电，约 10 s 后，测试系统每隔 5 s 发送一次 SIR 指令（共发送两次），设定被测设备工作模式为 BDS+GPS 模式 B1I+L1C/A（场景 3）频点，且被测设备为冷启动状态。

（3）约 10 s 后，测试系统每隔 5 s 发送一次 RMO 指令（共发送两次），提示被测设备关闭全部语句。

（4）约 10 s 后，测试系统每隔 5 s 发送一次 RMO 指令（共发送两次），提示被测设备打开 GGA，并按 1 Hz 实时上报 GGA 语句。

（5）约 10 s 后，测试系统控制被测设备断电。

（6）10 s 后设备加电，被测设备接收测试系统输出信号，实时输出定位信息至测试系统。测试时间为 5 min。

（7）更换测试场景，重新设置测试系统输出信号功率，步进 1 dB。使被测设备保存的星历、历书、位置及时间等信息处于失效状态。

（8）重复步骤（2）～（7），至−140 dBm 结束。

4.2.8.2　评估方法

被测设备在规定的时间内（本测试为 300 s）捕获信号，且输出三维定位精度连续十次小于 20 m 的条件下，被测设备 RF 输入接口的最低电平即为冷启动捕获灵敏度。

4.2.9　热启动捕获灵敏度

热启动捕获灵敏度是指在规定的时间内（本测试为 300 s），在热启动条件下，被测设备输出定位信息满足要求时的最低接收信号电平。

1. 测试方法及步骤

（1）测试系统仿真生成多个测试场景。

（2）按下列要求设置测试系统。

卫星轨道、卫星钟差、电离层时延、对流层时延等误差参数设置为无时变误差模式。

卫星星座设置：

BDS 模式下，不少于 9 颗可见 BDS 卫星，满足 PDOP≤6。

BDS+GPS 模式下，不少于 6 颗可见 BDS 卫星，6 颗可见 GPS 卫星，满足 PDOP≤6。

用户轨迹模型：最大动态（2 m/s，0.05g）。

RF 输出设置：

单 BDS 模式：设置测试系统输出 B1I 频点信号。

BDS+GPS 模式：设置测试系统输出 B1I 频点信号和 L1C/A 频点信号。

设置测试系统输出信号至被测设备射频输入口功率为−133 dBm。

（3）被测设备加电，约 10 s 后，测试系统每隔 5 s 发送一次 SIR 指令（共发送两次），设定被测设备工作模式为单 BDS 模式 B1I 频点，且被测设备为冷启动状态。

（4）约 10 s 后，测试系统每隔 5 s 发送一次 RMO 指令（共发送两次），提示被测设备关闭全部语句。

（5）约 10 s 后，测试系统每隔 5 s 发送一次 RMO 指令（共发送两次），提示被测设备打开 GGA，并按 1 Hz 实时上报 GGA 语句。

（6）约 10 s 后，测试系统控制被测设备断电。

（7）10 s 后设备加电，被测设备接收测试系统输出信号，实时输出定位信息至测试系统。等待 2 min 后，被测设备断电。

（8）控制测试系统输出信号功率至−157 dBm。

（9）1 min 后，测试系统控制被测设备加电，被测设备接收测试系统输出信号，实时输出定位信息至测试系统。测试时间 5 min。

（10）重新设置测试系统输出信号功率，步进 1 dB。

（11）重复步骤（2）～（10），至−149 dBm 测试结束。

（12）被测设备接收模拟卫星信号，约10 s后，测试系统每隔5 s发送一次SIR指令（共发送两次），设定被测设备工作模式为BDS+GPS模式B1I+L1C/A频点，且被测设备为冷启动状态。重复步骤（2）～（11）。

2. 评估方法

被测设备在规定的时间内（本测试为300 s）捕获信号，且输出三维定位精度连续十次小于60 m的条件下，被测设备RF输入接口的最低电平即为热启动捕获灵敏度。

4.2.10 重捕获灵敏度

重捕获灵敏度是指信号在短时间内出现中断时，从信号恢复到满足定位精度要求时的最低接收信号电平。

1. 测试方法及步骤

（1）按下列要求设置测试系统。

卫星轨道、卫星钟差、电离层时延、对流层时延等误差参数设置为无时变误差模式。

卫星星座设置：

单BDS模式：不少于9颗可见BDS卫星，满足PDOP≤5。

BDS+GPS模式：6颗可见BDS卫星，6颗可见GPS卫星，满足PDOP≤5。

用户轨迹模型：最大动态（2 m/s，0.05*g*）。

RF输出设置：

单BDS模式：设置测试系统输出B1I信号。

BDS+GPS模式：设置测试系统输出B1I+L1C/A频点信号。

设置测试系统输出信号至被测设备射频输入口-133 dBm。

（2）被测设备加电，约 10 s 后，测试系统每隔 5 s 发送一次 SIR 指令（共发送两次），设定被测设备工作模式为单 BDS 模式 B1I 频点，且被测设备为冷启动状态。

（3）约 10 s 后，测试系统每隔 5 s 发送一次 RMO 指令（共发送两次），提示被测设备关闭全部语句。

（4）约 10 s 后，测试系统每隔 5 s 发送一次 RMO 指令（共发送两次），提示被测设备打开 GGA，并按 2 Hz 实时上报 GGA 语句。

（5）约 10 s 后，测试系统控制被测设备断电。

（6）10 s 后，控制仿真系统输出模拟信号，10 s 后控制被测设备加电，被测设备接收测试系统输出信号后，实时输出定位结果至测试系统，等待 2 min。

（7）中断信号时间 30 s。

（8）30 s 后，控制仿真系统重新播发信号并控制信号输出功率降至-161 dBm，测试时间 1 min。

（9）重新设置测试系统输出信号功率，步进 1 dB。

（10）重复步骤（1）～（9）至-153 dBm 测试结束。

（11）被测设备加电，被测设备接收模拟卫星信号，约 10 s 后，测试系统每隔 5 s 发送一次 SIR 指令（共发送两次），设定被测设备工作模式为 BDS+GPS 模式 B1I+L1C/A 频点，且被测设备为冷启动状态。重复步骤（1）～（10）。

2. 评估方法

被测设备在规定的时间内（本测试为 30 s）重新捕获信号，且输出三维定位精度连续十次小于 60 m 的条件下，被测设备 RF 输入接口的最低电平即为重捕获灵敏度。

4.2.11　跟踪灵敏度

跟踪灵敏度是指被测设备在捕获信号后，能够保持稳定输出并符合定位精度要求的最小信号电平。

4.2.11.1　测试方法及步骤

按下列要求设置测试系统。

卫星轨道、卫星钟差、电离层时延、对流层时延等误差参数设置为无时变误差模式。

卫星星座设置：

场景 1：5 颗 BDS 的 GEO 卫星+2 颗 BDS 的非 GEO 卫星，满足 PDOP≤6。

场景 2：1 颗 BDS 的 GEO 卫星+5 颗 BDS 的非 GEO 卫星，满足 PDOP≤6。

场景 3：BDS+GPS 模式下，不少于 6 颗可见 BDS 卫星，6 颗可见 GPS 卫星，满足 PDOP≤6。

用户轨迹模型：动态（2 m/s，0.05*g*）。

设置测试系统输出信号，设置测试系统输出信号至被测设备射频输入口信号功率为-133 dBm。

RF 分别输出设置：

单 BDS 模式：设置测试系统输出 B1I（场景 1）频点信号。

单 BDS 模式：设置测试系统输出 B1I（场景 2）频点信号。

BDS+GPS 模式：设置测试系统输出 B1I 信号和 L1C/A 频点信号。

1. B1I 信号（GEO 卫星）跟踪灵敏度

（1）设置测试系统输出信号，设置测试系统输出信号至被测设备射频输入口

-133 dBm。

（2）被测设备加电，约 10 s 后，测试系统每隔 5 s 发送一次 SIR 指令（共发送两次），设定被测设备工作模式为单 BDS 模式 B1I（场景 1）频点，且被测设备为冷启动状态。

（3）约 10 s 后，测试系统每隔 5 s 发送一次 RMO 指令（共发送两次），提示被测设备关闭全部语句。

（4）约 10 s 后，测试系统每隔 5 s 发送一次 RMO 指令（共发送两次），提示被测设备打开 GGA，并按 1 Hz 实时上报 GGA 语句。

（5）约 10 s 后，测试系统控制被测设备断电。

（6）10 s 后，控制仿真系统输出模拟信号，10 s 后控制被测设备加电，被测设备接收测试系统输出信号后，实时输出定位结果至测试系统，被测设备定位结果（三维）连续十次小于 60 m 的条件下，则记为该功率下能够跟踪，测试时间 120 s。

（7）重新设置测试系统输出信号功率，降低 1 dB，重复步骤（6），至 -146 dBm 结束。

2. B1I 信号（非 GEO 卫星）跟踪灵敏度

（1）设置测试系统输出信号至被测设备射频输入口-133 dBm。

（2）被测设备加电，约 10 s 后，测试系统每隔 5 s 发送一次 SIR 指令（共发送两次），设定被测设备工作模式为单 BDS 模式 B1I（场景 2）频点，且被测设备为冷启动状态。

（3）约 10 s 后，测试系统每隔 5 s 发送一次 RMO 指令（共发送两次），提示被测设备关闭全部语句。

（4）约 10 s 后，测试系统每隔 5 s 发送一次 RMO 指令（共发送两次），提示被测设备打开 GGA，并按 1 Hz 实时上报 GGA 语句。

（5）约 10 s 后，测试系统控制被测设备断电。

（6）10 s 后，控制仿真系统输出模拟信号，10 s 后控制被测设备加电，被测设备接收测试系统输出信号后，实时输出定位结果至测试系统，被测设备定位结果（三维）连续十次小于 60 m 的条件下，则记为该功率下能够跟踪，测试时间 120 s。

（7）重新设置测试系统输出信号功率，降低 1 dB，重复步骤（6），至-164 dBm 结束。

3. B1I+L1C/A 信号跟踪灵敏度

（1）设置测试系统输出信号，设置测试系统输出信号至被测设备射频输入口-133 dBm。

（2）被测设备加电，约 10 s 后，测试系统每隔 5 s 发送一次 SIR 指令（共发送两次），设定被测设备工作模式为 BDS+GPS 模式 B1I+L1C/A（场景 3）频点，且被测设备为冷启动状态。

（3）约 10 s 后，测试系统每隔 5 s 发送一次 RMO 指令（共发送两次），提示被测设备关闭全部语句。

（4）约 10 s 后，测试系统每隔 5 s 发送一次 RMO 指令（共发送两次），提示被测设备打开 GGA，并按 1 Hz 实时上报 GGA 语句。

（5）约 10 s 后，测试系统控制被测设备断电。

（6）10 s 后，控制仿真系统输出模拟信号，10 s 后控制被测设备加电，被测设备接收测试系统输出信号后，实时输出定位结果至测试系统，被测设备定位结果（三维）连续十次小于 60 m 的条件下，则记为该功率下能够跟踪，测试时间 120 s。

（7）重新设置测试系统输出信号功率，降低 1 dB，重复步骤（6），至-164 dBm 结束。

4.2.11.2 评估方法

输出三维定位精度连续十次小于 60 m 的条件下，被测设备 RF 输入接口电平即为跟踪灵敏度。

4.2.12 整板功耗

整板功耗是指被测设备在双模正常定位情况下的平均功耗。

1. 测试方法及步骤

（1）在 BDS+GPS 双模式 B1I+L1C/A 频点最大动态（2 m/s，0.05g）场景下正常跟踪的同时，进行功耗测试。

（2）利用程控直流电源给被测试板供电，当被测设备正常输出定位信息时，控制程控电源上报各被测设备工作时的瞬时电压值 V_i 和平均电流值 I_i。测试时间为 5 min。

2. 评估方法

（1）样本数不少于 200 个数。

（2）由瞬时功耗求平均值即为平均功耗。

4.2.13 差分增强功能测试

差分增强功能是指被测终端通过接收伪距差分校正数据，提高定位精度的功能，通过被测设备在接收基准站发送的伪距改正量后的静态定位精度来评估。

1. 测试方法与步骤

（1）将基准站架设在坐标已知的点位上，通过数据传输链路向被测设备发送伪距改正量，发送数据格式按照 RTCM3.2 协议。

（2）在距离基准站 20 公里内已知点上架设流动站天线，经功分器形成多路信号，分别送至各被测设备。

（3）测试系统通过串口服务器，与各被测设备相连。

（4）基准站接收 BDS+GPS 信号后，通过数据链，按照 RTCM3.2 协议数据格式向被测设备发送数据。

（5）被测设备接收实际卫星信号，约 10 s 后，测试系统每隔 5 s 发送一次 SIR 指令（共发送两次），设定被测设备工作模式为 B1I+L1C/A 频点，且被测设备为冷启动状态。

（6）约 10 s 后，测试系统每隔 5 s 发送一次 RMO 指令（共发送两次），提示被测设备关闭全部语句。

（7）约 10 s 后，测试系统每隔 5 s 发送一次 RMO 指令（共发送两次），提示被测设备打开 GGA，并按 1 Hz 实时上报 GGA 语句。

（8）约 10 s 后，测试系统控制被测设备断电。

（9）10 s 后，被测设备上电，被测设备同时接收 BDS+GPS 信号和基准站差分数据，按 1 Hz 实时通过串口服务器将定位结果输出至测试系统，5 min 后正式开始测试，测试时间为 24 h，采集并存储被测模块实时输出的定位信息。

2. 评估方法

通过采集各时刻定位数据，选取定位 GGA 语句中标志位为 2 的语句进行评估，评估方法同 4.2.1 节。

4.2.14 组合导航功能测试

组合导航是提升卫星导航芯片在复杂城区环境、地下车库、隧道等卫星信号被遮挡环境下可用性和定位精度的重要手段。

1. 测试方法及步骤

（1）采用实际信号测试，测试场景为隧道场景。

（2）基准站安装在楼顶开阔位置，装车的 RTK 天线与导航天线顺着车头方向顺序放置，导航天线放置在两个 RTK 天线中间，间距不超过 20 cm。在天线放置位置做标记，隔天测试时天线放置在同一位置；惯导实际安装示意图如图 4-5 所示，同时精确测量惯性测量装置（IMU）中心与 GNSS 天线相位中心的 *X*/*Y*/*Z* 偏移量，在基准数据后处理中进行修正。

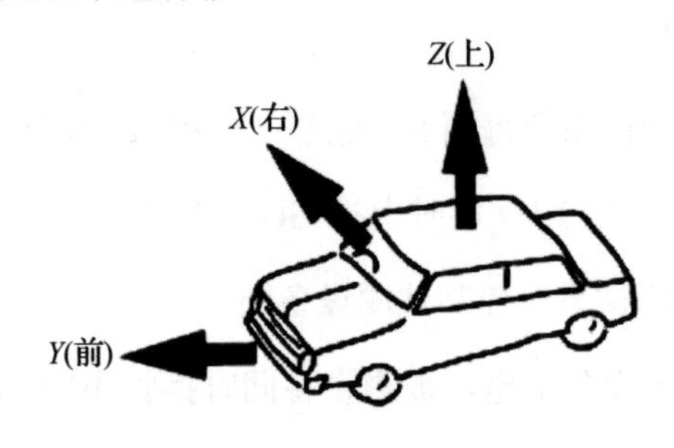

图 4-5 惯导实际安装示意图

（3）将被测设备放置在测试工位上，并进行被测设备的连接和状态检查。

（4）被测设备加电，在开阔天空下接收实际卫星信号。

（5）约 10 s 后，测试系统每隔 5 s 发送一次 SIR 指令（共发送两次），使被测设备为冷启动状态。

（6）约 10 s 后，测试系统每隔 5 s 发送一次 RMO 指令（共发送两次），提示被测设备关闭全部语句。

（7）约 10 s 后，测试系统每隔 5 s 发送一次 RMO 指令（共发送两次），提示被测设备打开 GGA 语句，并按 1 Hz 实时上报 GGA 语句，设备断电。

（8）10 s 后设备加电，在开阔天空下进行 20 min 收星，随后测试车辆低速行驶进行动态初对准，然后按既定路线开始跑车，实时采集存储被测设备输出的定位信息（GGA 语句），以及参考输出的定位信息，选取 10 min 共 600 点数据进行隧道场景定位精度及可用性评估。

2. 评估方法

评估方法同 4.2.1 节，定位可用性低于 90%则判定测试失败。

4.2.15　多音干扰消除功能

多音干扰消除功能指在有连续波干扰的情况下，接收机能够消除干扰正常定位的功能。

1. 测试方法及步骤

（1）按下列要求设置测试系统。

卫星轨道、卫星钟差、电离层时延、对流层时延等误差参数设置为无时变误差模式。

卫星星座设置：

BDS+GPS 模式下，不少于 6 颗可见 BDS 卫星，6 颗可见 GPS 卫星，满足 PDOP≤6。

用户轨迹模型：动态（2 m/s，0.05*g*）。

设置测试系统输出 B1I 和 L1C/A 信号，设置测试系统输出信号至被测设备射频输入口信号功率为-130 dBm。

总干扰波功率：-75 dBm。

（2）信号源输出 B1I 和 L1C/A 信号频带内总数不少于 6 个的连续波干扰，通过合路器与模拟器输出射频信号合成一路，总干扰功率不低于-75 dBm。

（3）被测设备加电，约 10 s 后，测试系统每隔 5 s 发送一次 SIR 指令（共发送两次），设定被测设备工作模式为 BDS+GPS 模式 B1I+L1C/A 频点，且被测设备为冷启动状态。

（4）约 10 s 后，测试系统每隔 5 s 发送一次 RMO 指令（共发送两次），提示被测设备关闭全部语句。

（5）约 10 s 后，测试系统每隔 5 s 发送一次 RMO 指令（共发送两次），提示被测设备打开 GGA，并按 1 Hz 实时上报 GGA 语句。

（6）约 10 s 后，测试系统控制被测设备断电。

（7）10 s 后，被测设备上电，并接收合路器输出的带有干扰波的信号，等待 3 min 后开始采集接收机输出的 GGA 语句，持续 5 min。

（8）5 min 后，将干扰波信号关闭，关闭时间 60 s。

（9）重复步骤（7）～（8），共测试十次。

2. 评估方法

取十次测试中的有效定位次数（满足三维定位精度优于 10 m）计算成功率：

$$\text{成功率} = \frac{\text{有效定位次数}}{10} \times 100\%$$

成功率达到 90%，则判定具备多音干扰消除功能。

定位精度评估方法同 4.2.1 节。

4.3 测试平台

4.3.1 室内模拟信号有线测试平台

对于频点接收、冷启动首次定位时间、热启动首次定位时间、重捕获时间、冷启动捕获灵敏度、热启动捕获灵敏度、重捕获灵敏度、跟踪灵敏度、功耗及多音干扰等项目，采用室内模拟信号有线测试平台，可实现基于卫星导航信号模拟器的多路平台测试。测试平台设备连接如图 4-6 所示，实物如图 4-7 所示。

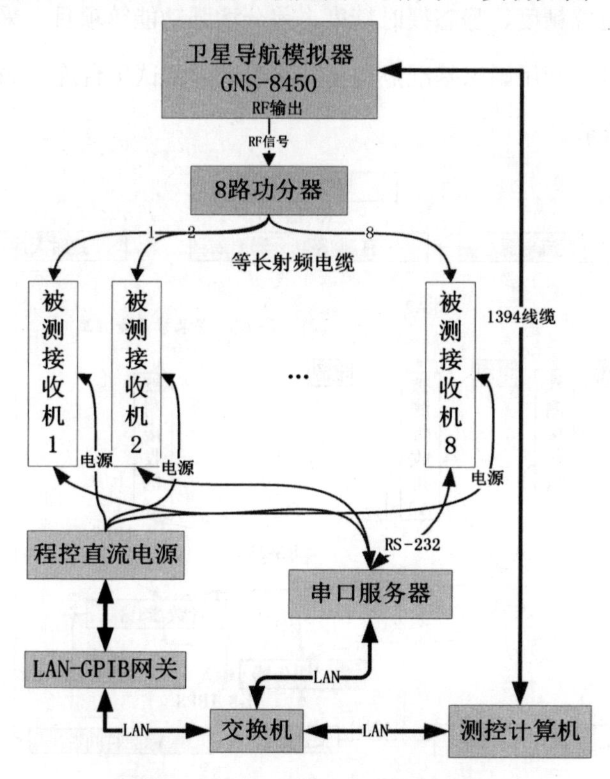

图 4-6 室内有线测试平台连接框图

图 4-7　室内有线测试平台

4.3.2　室外实际信号静态测试平台

对于静态定位精度、静态授时精度、差分增强功能等项目，采用室外实际信号静态测试平台，利用国家基准点构建多路测试，测试平台连接如图 4-8 所示，实物如图 4-9 所示。

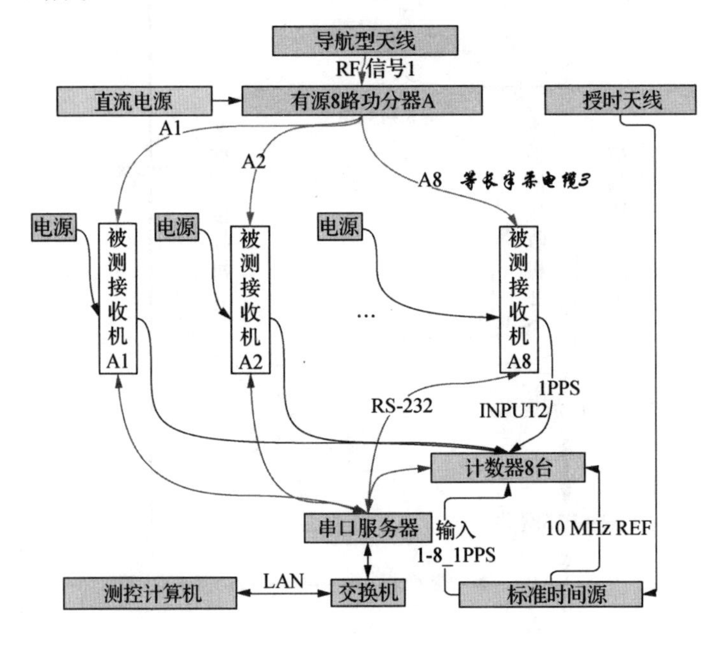

图 4-8　室外实际信号静态测试平台连接框图

图 4-9　国家基准点

4.3.3　室外实际信号动态测试平台

对于动态定位与测速精度，在城市实际信号条件下进行动态跑车，选取典型的城市峡谷、高架桥、林荫道等典型场景，进行实际性能测试，测试平台连接如图 4-10 所示。

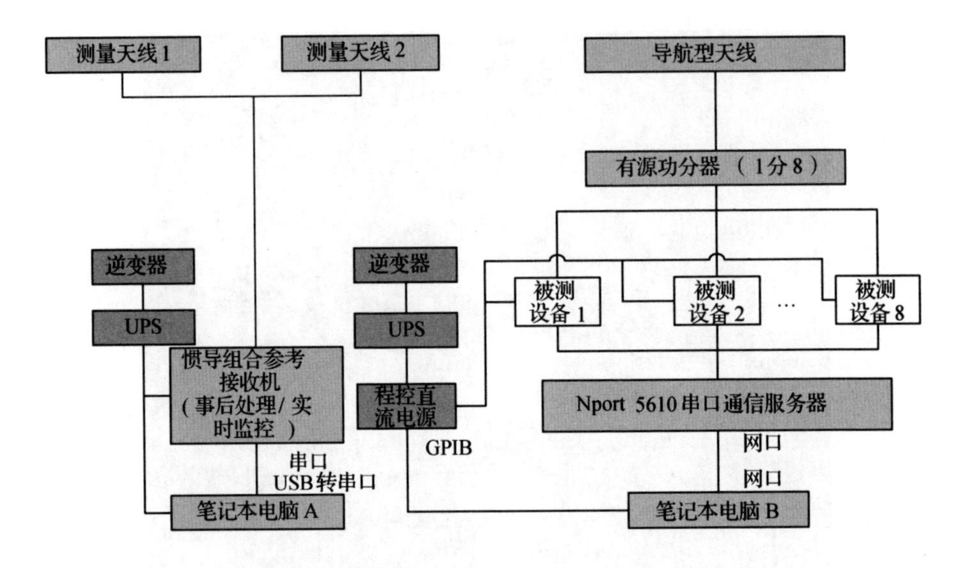

图 4-10　室外实际信号动态测试平台连接框图

4.4　测试结果分析

4.4.1　测试结果

在国内主流厂商的芯片实物比测中，对芯片功能性能进行了较全面的测试，测试结果分析如下。

1. 室外实际信号测试

利用实际信号进行测试，使用专项标准中的评估方法，取 1σ 测量值作为测试结果；截取24 h数据评估静态定位精度和授时精度，截取40 min数据评估动态定位精度和测速精度，截取40 min数据评估城市峡谷水平定位精度和可用性，各家测试结果数据如图 4-11～4-14 所示。

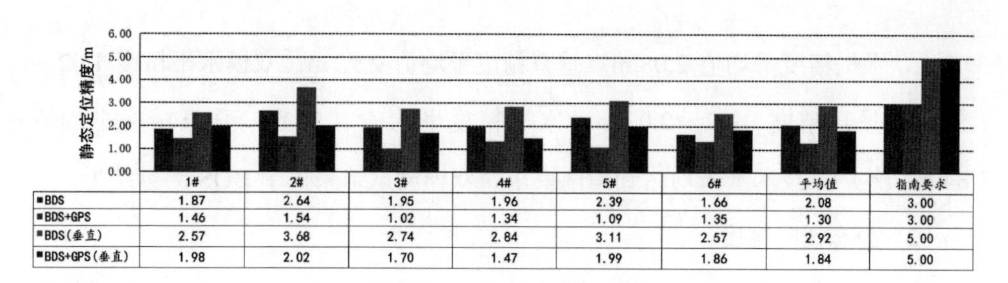

图 4-11　静态定位精度

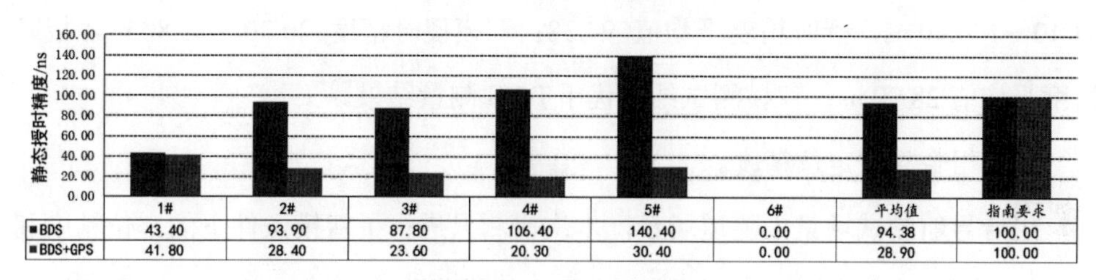

图 4-12　静态授时精度

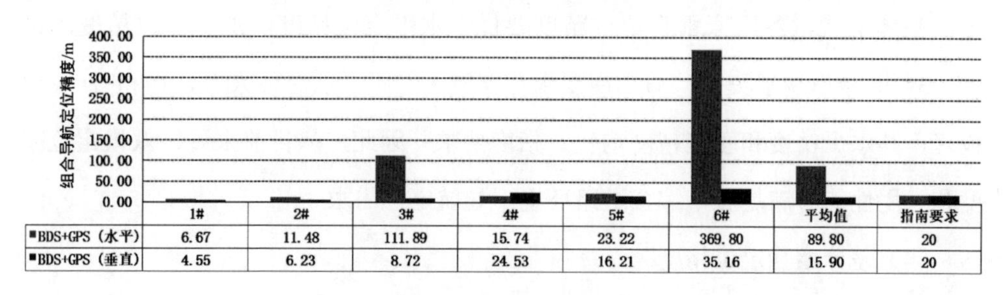

图 4-13　组合导航定位精度

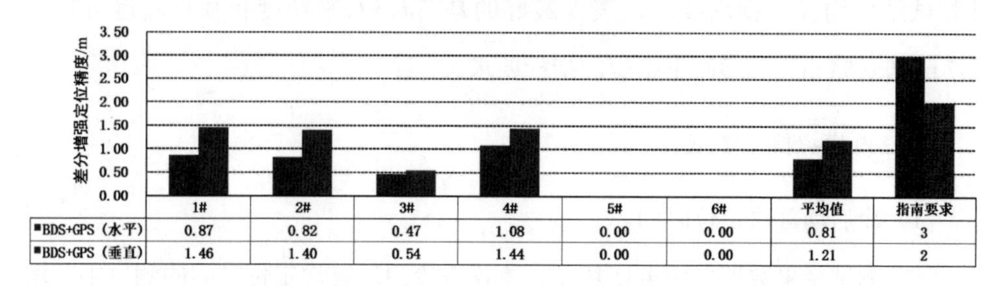

图 4-14　差分增强定位精度

（1）静态定位精度。

从测试结果可以看出，BDS 水平精度 1.66～2.64 m，垂直精度 2.57～

3.68 m，水平精度平均值 2.08 m，垂直精度平均值 2.92 m；双模水平精度 1.02～1.54 m，垂直精度 1.47～2.02 m，水平精度平均值 1.30 m，垂直精度平均值 1.84 m；各厂家技术水平均达到指南要求，双模测试结果优于 BDS 测量结果。

（2）静态授时精度。

从测试结果可以看出，除 6#厂家此项测试失败，其他厂家 BDS 授时精度 43.40～140.40 ns，授时精度平均值 94.38；双模授时精度 20.30～41.80 ns，授时精度平均值 28.90 ns；双模测试结果优于 BDS 测量结果。

（3）组合导航定位精度。

组合导航测试场景为隧道场景，本次比测只进行了双模条件下的定位精度和可用性测试，各家的可用性均在 90%以上，满足指南要求。从测试结果可以看出，整体上看，各厂家垂直定位精度要优于水平定位精度，水平定位精度测试中，3#和 6#出现了失误，与指南要求存在较大差距；从总体来看，1#和 2#表现较好，其水平精度和垂直精度均优于指南要求。因此，从目前来看，双模定位精度和可用性能够满足城市综合道路环境下导航定位需求。

（4）差分增强定位精度。

从测试结果看出，除 5#和 6#此项功能缺失，其他厂家均实现了此项功能，且测试结果均优于指南要求，表现最好的是 3#，水平精度和垂直精度分别为 0.47 m 和 0.54 m，远远高于指南的指标要求。

2. 室内模拟信号测试

（1）冷启动首次定位时间。

各家测试结果数据如图4-15所示，本次在冷启动首次定位时间的测试中，增加了 B1I A-GNSS 条件下的测试，并模拟了不同卫星覆盖条件下的测试，即：B1I A-GNSS1（只有星历辅助信息、无时间信息）和 B1I A-GNSS2（有星历和时间辅助信息）。

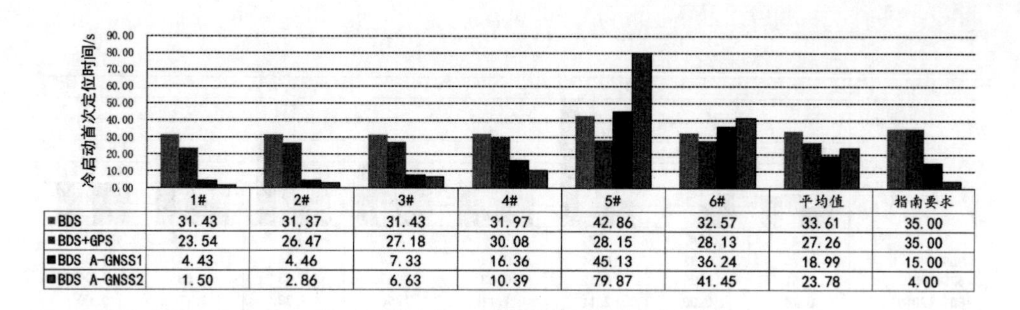

	1#	2#	3#	4#	5#	6#	平均值	指南要求
BDS	31.43	31.37	31.43	31.97	42.86	32.57	33.61	35.00
BDS+GPS	23.54	26.47	27.18	30.08	28.15	28.13	27.26	35.00
BDS A-GNSS1	4.43	4.46	7.33	16.36	45.13	36.24	18.99	15.00
BDS A-GNSS2	1.50	2.86	6.63	10.39	79.87	41.45	23.78	4.00

图 4-15　冷启动首次定位时间

从测试结果可以看出，除 5#单模条件下不满足指南要求，其他厂家单模和双模条件下的冷启动首次定位时间，均在指南要求的范围内。而对新增的 A-GNSS 条件下的冷启动首次定位时间，1#和 2#表现突出，在 A-GNSS1 和 A-GNSS2 条件下，均达到了指南要求。

（2）热启动首次定位时间。

各家测试结果如图 4-16 所示。从测试结果可以看出，启动时间均优于 4 s，满足指南要求。

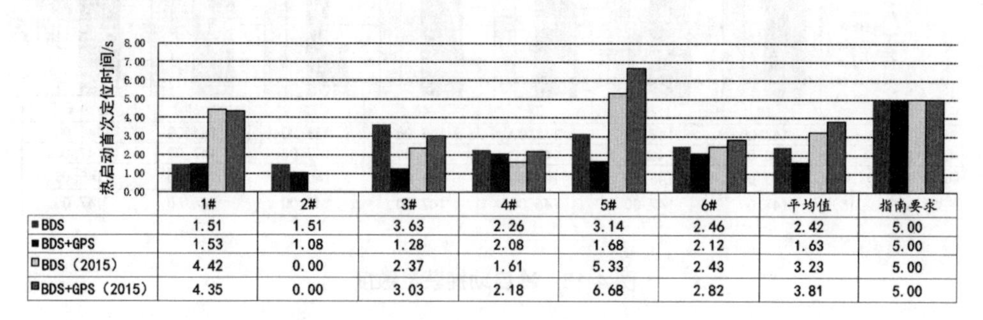

	1#	2#	3#	4#	5#	6#	平均值	指南要求
BDS	1.51	1.51	3.63	2.26	3.14	2.46	2.42	5.00
BDS+GPS	1.53	1.08	1.28	2.08	1.68	2.12	1.63	5.00
BDS（2015）	4.42	0.00	2.37	1.61	5.33	2.43	3.23	5.00
BDS+GPS（2015）	4.35	0.00	3.03	2.18	6.68	2.82	3.81	5.00

图 4-16　热启动首次定位时间

（3）失锁重捕时间。

各家测试结果如图4-17所示。从测试结果可以看出，双模条件下，各厂家测试结果均优于指南要求，单模条件下，只有 5#和 6#不满足指南要求。

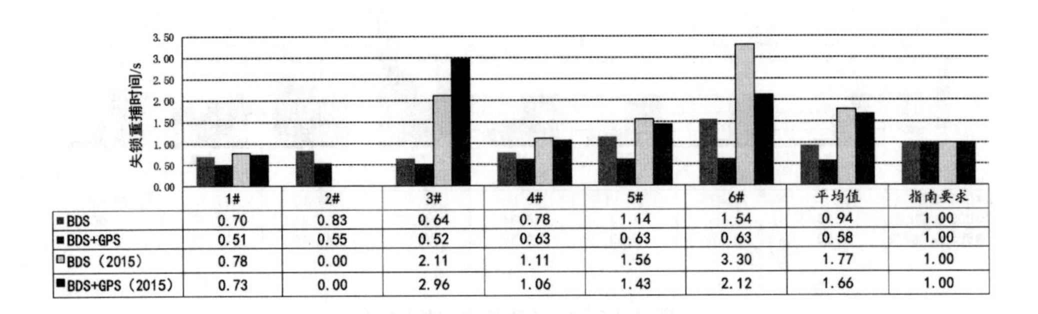

	1#	2#	3#	4#	5#	6#	平均值	指南要求
BDS	0.70	0.83	0.64	0.78	1.14	1.54	0.94	1.00
BDS+GPS	0.51	0.55	0.52	0.63	0.63	0.63	0.58	1.00
BDS（2015）	0.78	0.00	2.11	1.11	1.56	3.30	1.77	1.00
BDS+GPS（2015）	0.73	0.00	2.96	1.06	1.43	2.12	1.66	1.00

图 4-17　失锁重捕时间

（4）冷启动捕获灵敏度。

各家测试结果如图4-18所示。从测试结果可以看出，双模条件下冷启动捕获灵敏度基本符合指南要求，单模条件下冷启动捕获灵敏度，只有 5#与指南要求相差 7 dB，差距较大，可能与产品的稳定性有关。

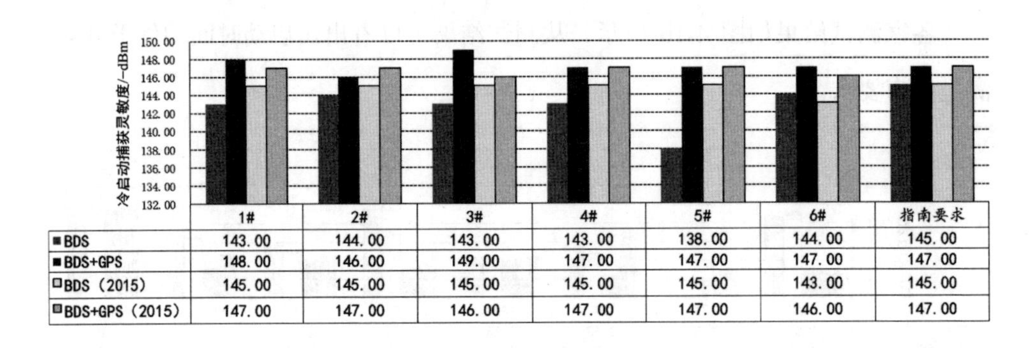

	1#	2#	3#	4#	5#	6#	指南要求
BDS	143.00	144.00	143.00	143.00	138.00	144.00	145.00
BDS+GPS	148.00	146.00	149.00	147.00	147.00	147.00	147.00
BDS（2015）	145.00	145.00	145.00	145.00	145.00	143.00	145.00
BDS+GPS（2015）	147.00	147.00	146.00	147.00	147.00	146.00	147.00

图 4-18　冷启动捕获灵敏度

（5）热启动捕获灵敏度。

各家测试结果如图4-19所示。从测试结果可以看出，各厂家热启动捕获灵敏度，除 4#和 5#单模没有达到指南要求，其他厂家均达到或接近指南要求。

（6）多音干扰消除。

多音干扰要求在干信比为 55 dB 下，被测芯片十次测试中超过九次三维定位精度优于 10 m，从测试结果可以看出，大部分厂家可抑制分布在带内的 6 个连续波干扰，而 4#和 6#未实现此功能，如图 4-20 所示。

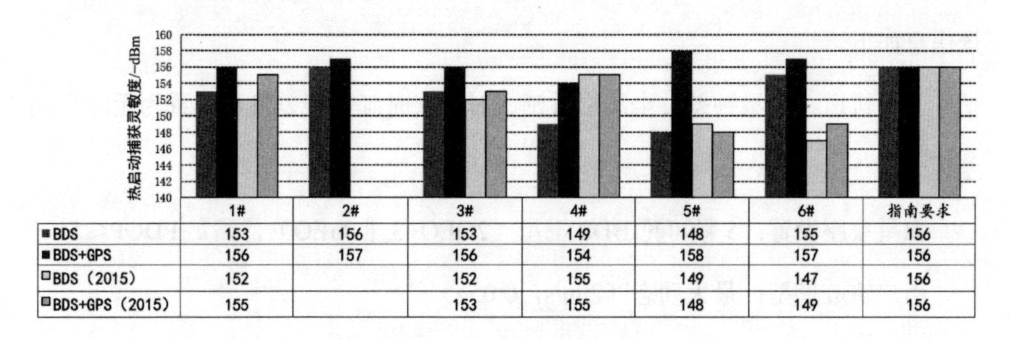

	1#	2#	3#	4#	5#	6#	指南要求
BDS	153	156	153	149	148	155	156
BDS+GPS	156	157	156	154	158	157	156
BDS（2015）	152		152	155	149	147	156
BDS+GPS（2015）	155		153	155	148	149	156

图 4-19　热启动捕获灵敏度

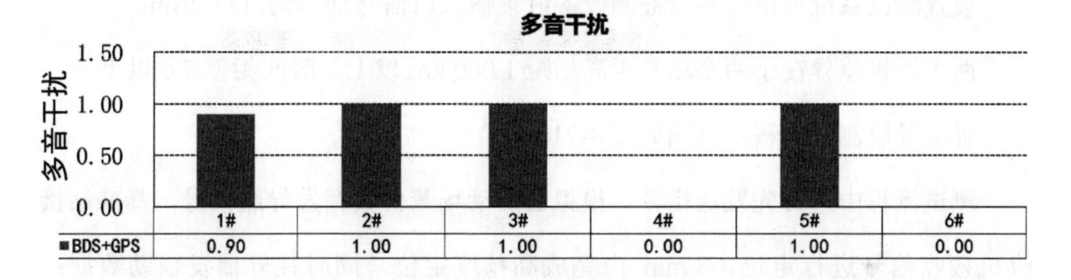

	1#	2#	3#	4#	5#	6#
BDS+GPS	0.90	1.00	1.00	0.00	1.00	0.00

图 4-20　多音干扰

4.4.2　A-GNSS 测试分析

基于卫星导航信号模拟器，利用高精度接收机构建辅助导航测试系统，商用高精度接收机作为基准站接收机，接收模拟器播发的卫星导航信号，定位后生成包括星历和时间信息的辅助数据（辅助数据格式为 RTCM 3.2 协议里规定的多信号信息类型 MSM 4（63 和 1124 信息类型）），被测接收机同时接收模拟器导航信号和辅助数据进行快速捕获定位，提高启动时间，对接收机辅助导航快速定位性能进行测试验证，是一种新的辅助导航测试方法。

为验证被测接收机利用辅助数据进行快速定位，测试场景选用两个场景，场景信息如下。

卫星轨道、卫星钟差、电离层时延、对流层时延等误差参数设置为无时变误差模式。

卫星星座设置：5 颗可见 BDS 卫星（2GEO+3 非 GEO），满足 PDOP≤5。

用户轨迹模型：最大动态（2 m/s，0.05g）。

RF 输出设置：单 BDS 模式，设置测试系统输出 B1I 频点信号。

设置测试系统输出信号至被测设备射频输入口信号功率为−133 dBm。

两个场景差异在于两个场景距离相距 1 000 km 以上、时间相差 7 d 以上。

辅助导航测试流程示意图如图 4-21 所示。

测试流程中，首先发送指令，模拟器启动场景仿真播发导航信号，基准站接收机接收信号进行定位，3 min 内完成高精度定位，同时往外播发辅助数据；3 min 后控制测试系统给被测接收机加电，接收机接收导航信号和辅助数据，2 min 内实现定位；随后被测接收机断电 500 s，其间改变 4 颗可见星，使接收机星历失效，这一步的作用是根据接收机所用内部晶振守时精度，经过 500 s 后接收机内部晶振时间偏差将达到 10 ms 左右，相当于星历和时间辅助精度 10 ms；然后被测接收机重新加电，同时开始计时，被测接收机接收导航信号和辅助数据（星历和时间辅助精度 10 ms），测量被测接收机从计时开始到第一个满足定位精度要求的时间间隔，即为启动时间。

启动时间测试结果如表 4-1 所示。测试结果对比示意图如图 4-22 所示。

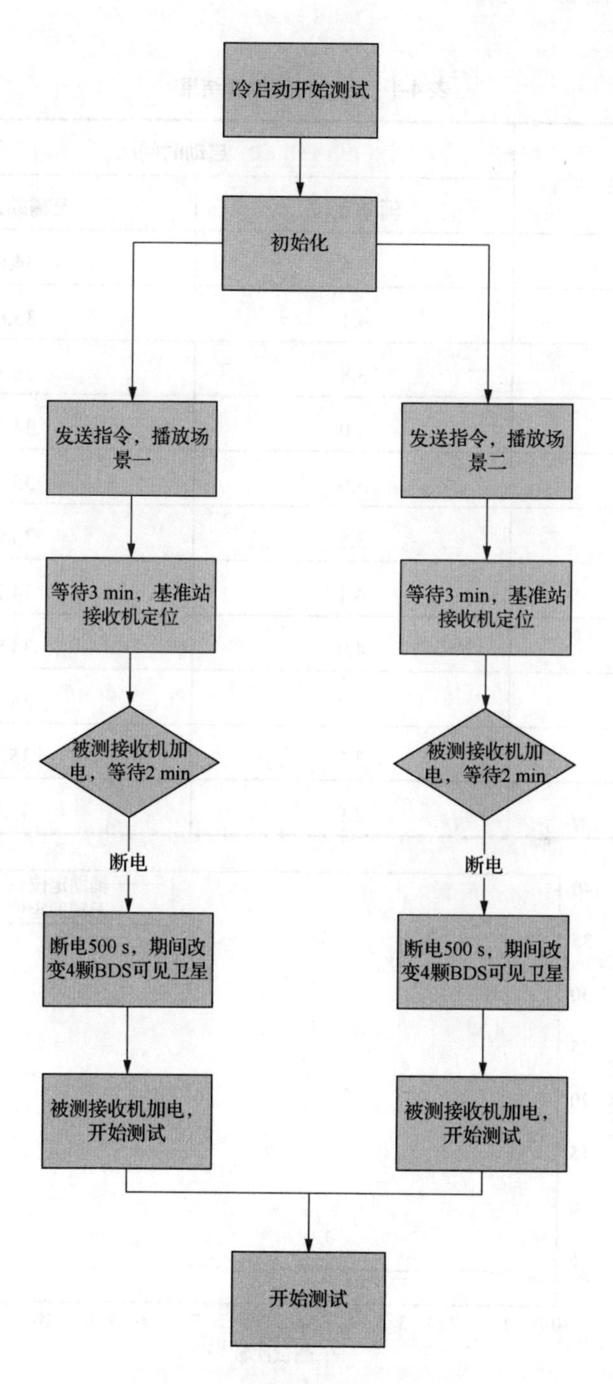

图 4-21　辅助导航测试流程示意图

表 4-1　启动时间测试结果

测试次数	启动时间/s	
	辅助定位	无辅助定位
1	3.6	34.8
2	4.1	35.6
3	3.8	36.1
4	4.0	34.1
5	3.9	35.4
6	3.8	35.9
7	4.1	34.2
8	4.0	34.9
9	3.9	35.2
10	3.7	35.1
平均值	3.9	35.1

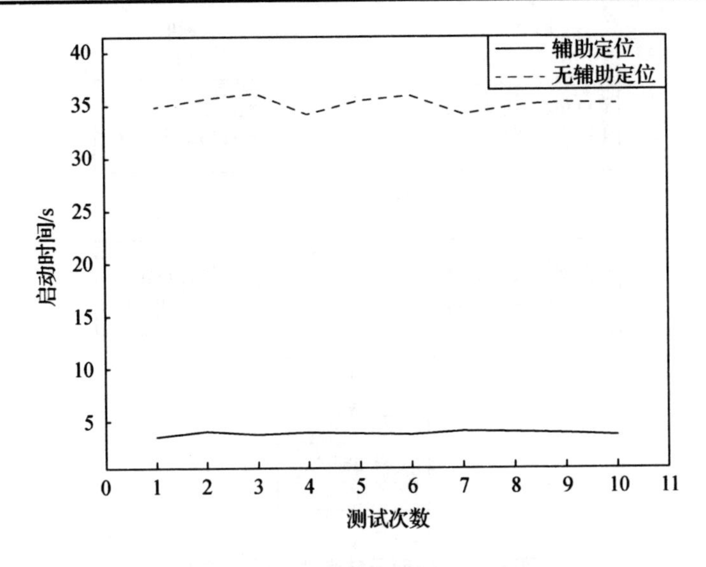

图 4-22　测试结果对比示意图

从以上辅助定位和无辅助定位下启动时间对比可以看出，利用基准站接收机播发的符合 RTCM 3.2 协议的辅助星历和时间数据，被测接收机能得到多普勒频移的预测值，实现了精确辅助定位，缩短了信号捕获的时间，进而极大缩短了接收机的首次定位时间。

4.5 小 结

本章描述了导航芯片的技术指标要求，主要包括差分增强、组合导航、多音干扰消除等功能要求，以及定位精度、时间特性、灵敏度特性、功耗等性能指标；并对各功能及性能项目测试方法进行了详细阐述，可指导导航芯片研发及生产测试等工作。

第五章

高精度模块测试方法

高精度模块面向测量测绘、形变监测、精准农业和机械控制、智能交通等高精度应用领域，支持包括北斗全球系统新信号在内的四大卫星导航系统所有民用频点信号和星基增强系统（SBAS）信号的接收，进一步提高导航类模块、板卡的先进性和成熟度，可为扩大高精度应用领域和市场规模奠定核心技术产品基础。

5.1 技术指标要求

5.1.1 功能要求

（1）信号接收功能。

可同时接收处理如下卫星导航系统信号，各系统可同时跟踪的卫星个数不少于 12 颗。

- BDS：B1C、B2a、B2b（3 颗 GEO）、B1I、B3I。
- GPS：L1C/A、L1C、L2P（Y）、L2C、L5。
- GLONASS：L1、L2。
- GALILEO：E1、E5a、E5b。

（2）星基和地基增强功能。

可支持全球范围内符合国际民航组织标准的单频及双频 SBAS 功能，支持北斗地基增强网功能。

（3）支持板载 RTK 和 PPP 高精度定位。

（4）组合导航功能。

具有惯导数据接口，支持惯导与 GNSS RTK 组合定位能力。

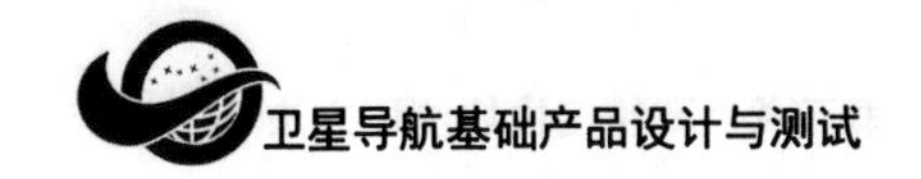

（5）抗带内窄带干扰的功能。

可有效抑制工作环境中存在的窄带干扰。

（6）复杂应用场景下数据接收质量和 RTK 定位性能。

在典型复杂应用场景下（如电离层闪烁、存在干扰、树荫下、建筑物遮挡等）具有与国际先进 OEM 产品相当的工作性能。

5.1.2 性能要求

（1）首次定位时间。

开机至获得首次正确定位所需的时间，包括冷启动和热启动时间。

- 冷启动时间：≤40 s。
- 热启动时间：≤20 s。

（2）信号重捕获时间。

接收的导航信号短时失锁后，从信号恢复到重新捕获导航信号所需的时间。

- ≤1 s。

（3）原始观测量精度（未平滑）。

由接收机的载波跟踪环对卫星导航信号的载波进行跟踪测量后，输出的载波相位值与连续观测的载波相位整周计数值之和为载波相位测量值；利用伪随机码测量得到的为伪距测量值。

- 载波相位观测量精度≤1 mm（1σ）。
- 伪距观测精度：

GPS L1C/A：≤0.16 m（1σ）。

GPS L1C：≤ 0.12 m（1σ）。

GPS L2C：≤ 0.16 m（1σ）。

GPS L2P（Y）：≤ 0.16 m（1σ）。

GPS L5：≤ 0.09 m（1σ）。

GLONASS L1：≤ 0.20 m（1σ）。

GLONASS L2：≤ 0.20 m（1σ）。

GALILEO E1C：≤ 0.12 m（1σ）。

GALILEO E5a：≤ 0.09 m（1σ）。

GALILEO E5b：≤ 0.09 m（1σ）。

BDS 信号：

BDS B1I：≤ 0.16 m（1σ）。

BDS B3I：≤ 0.12 m（1σ）。

BDS B1C：≤ 0.15 m（1σ）。

BDS B2a：≤ 0.12 m（1σ）。

（4）跟踪灵敏度。

正常定位后，能够继续保持对导航信号的跟踪和定位所需的最低信号电平，应≤-140 dBm（除 L2P 外，当信号包括数据导频支路时为导频支路电平）。

（5）定位精度（多系统兼容定位模式下）。

① 伪距单点定位精度：

水平：≤1.5 m（1σ）。

垂直：≤3 m（1σ）。

② DGNSS 定位精度：

水平：≤0.3 m+10 ppm×D（1σ）。

垂直：≤0.6 m+10 ppm×D（1σ）

③ 静态相位测量精度：

水平：5 mm+1 ppm×D

垂直：10 mm+1 ppm×D

④ 动态 RTK 精度：

水平：8 mm+1 ppm×D（1σ）

垂直：15 mm+1 ppm×D（1σ）

（D：基线长度，单位是 mm）。

（6）RTK 初始化时间和可靠性。

初始化时间：≤8 s（10 km 基线）

初始化可靠性：≥99.9%（10 km 基线）

（7）定位数据和原始观测量数据输出频度。

定位数据（含 RTK 结果）的输出频度可配置，支持最高频度不低于 50 Hz；

原始观测量数据输出频度可配置，支持最高频度不低于 50 Hz。

（8）功耗。

功耗≤1.5 W（全系统、全频点、RTK 定位模式、输出频度 5 Hz）。

（9）数据接口要求。

- 支持 UART 和至少一种高速接口（网口、USB、CAN 等）；
- 原始数据格式为厂家自定义包含 BDS 数据的二进制流数据协议；
- 差分数据格式至少支持 RTCM2.x、RTCM3.x 格式的输入/输出；
- 支持 NEMA-0183 协议输出。

5.2　测试及评估方法

5.2.1　测试连接

（1）室内单路信号。

如图 5-1 所示，图中导航信号通过有线方式从导航信号模拟源输出，通过功分器和低噪放输入到 OEM 板，输出功率水平标定到功分器各工位输出口面；OEM 板和监控与统计计算机之间也通过 RS-232 接口进行通信。

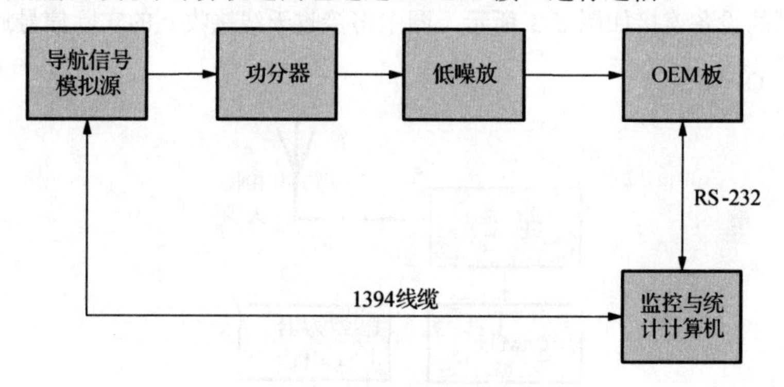

图 5-1　单路信号测试设备连接

（2）室内双路信号。

如图 5-2 所示，图中两路导航信号通过有线方式从导航信号模拟源输出，通过功分器和低噪放分别输入到OEM板基准站和OEM板流动站，输出功率水平标定到功分器各工位输出口面；OEM 板和监控与统计计算机之间通过 RS-232 接口进行通信；基准站OEM板通过串口直连线连接流动站OEM板，传输实时差分改正数据流。

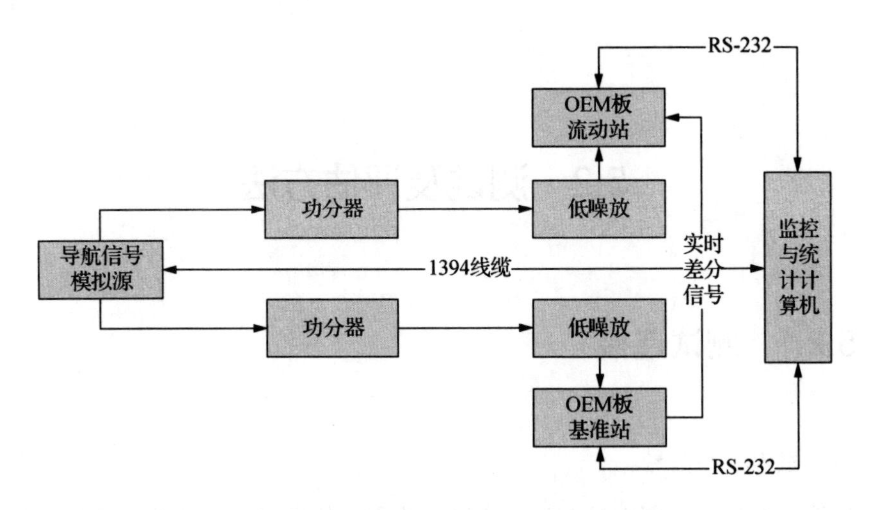

图 5-2　两路信号测试设备连接

（3）室外单路测试。

测试的设备连接如图 5-3 所示，图中将接收天线接收到的实际信号通过功分器传输到 OEM 板。

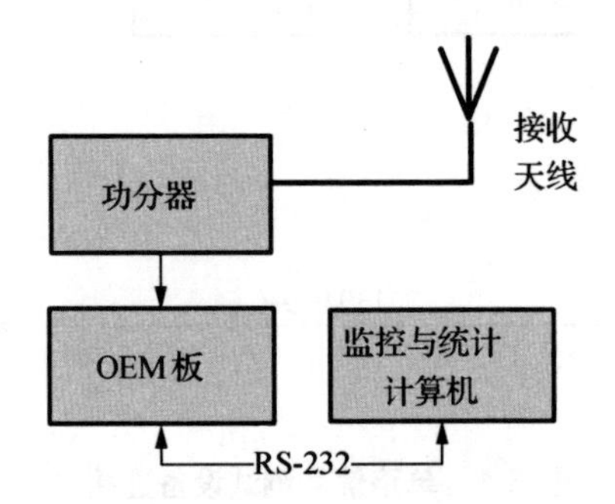

图 5-3　室外测试条件下单路信号设备连接

（4）室外双路测试。

测试的设备连接如图 5-4 所示，图中将接收天线接收到的实际信号通过功分器传输到各 OEM 板。OEM 板和监控与统计计算机之间通过 RS-232 接口进行通信；基准站 OEM 板通过差分数据传输链路连接流动站 OEM 板，传输实时差分信号。

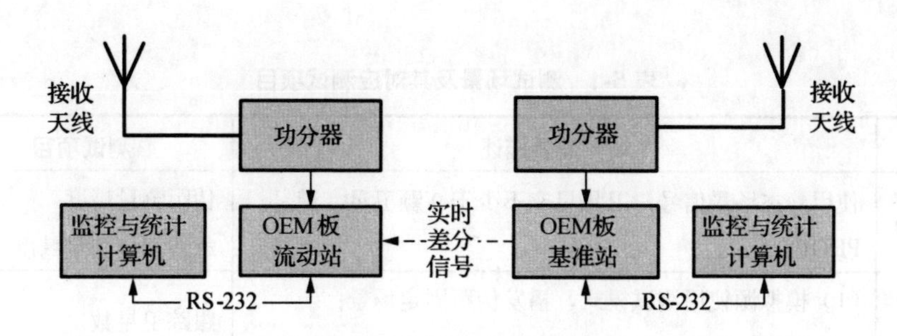

图 5-4　室外测试条件下双路信号设备连接

（5）抗干扰测试。

如图 5-5 所示，采用合路器将导航信号与信号源信号合成一路，通过功分器和低噪放输入到 OEM 板，输出功率水平标定到功分器各工位输出口面；OEM 板和监控与统计计算机之间也通过 RS-232 接口进行通信。

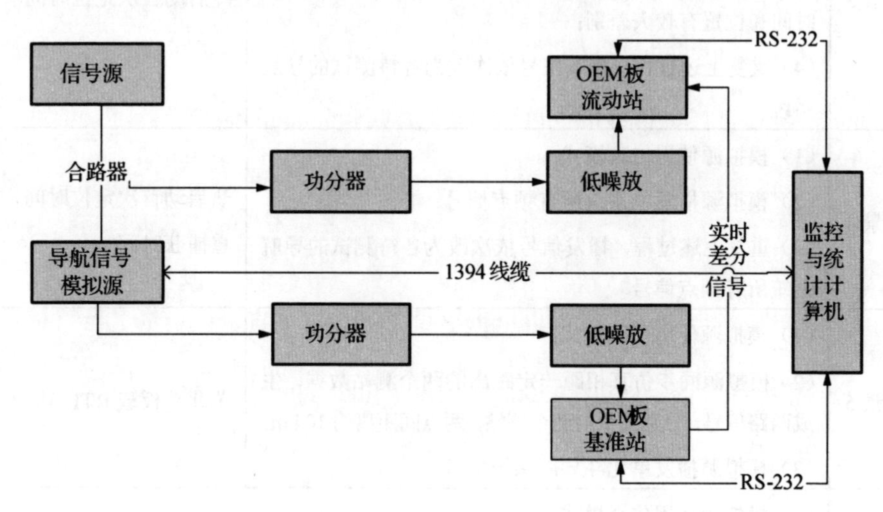

图 5-5　抗干扰测试连接

5.2.2　测试场景

测试场景及其对应测试项目如表 5-1 所示。

表 5-1　测试场景及其对应测试项目

序号	场景概要描述	测试项目
场景 0	使用静态场景信号，卫星星座不少于 9 颗卫星，满足 PDOP≤5	伪距测量精度 载波相位测量精度
场景 1	（1）模拟源使用测试模式，播发伪距固定场景； （2）模拟源播发所有频点信号，各系统可见卫星个数应大于 12 颗、单北斗卫星数不少于 16 颗	跟踪卫星数 接收信号类型
场景 2	（1）模拟源使用仿真模式； （2）模拟源播发星基增强或 PPP 高精度定位静态场景	星基增强功能 PPP 高精度定位功能
场景 3	（1）模拟源使用仿真模式； （2）模拟源仅播发一个卫星导航系统的所有频点信号； （3）每次测试时更换仿真场景，各场景的星历、历书、时间和位置有较大差别； （4）重复上述过程，播发信号依次改为各待测试的导航系统	冷启动首次定位时间
场景 4	（1）模拟源使用仿真模式； （2）模拟源播发单系统所有频点信号； （3）重复上述过程，播发信号依次改为各待测试的导航系统所有频点信号	热启动首次定位时间 重捕获时间
场景 5	（1）模拟源使用仿真模式； （2）模拟源同步仿真相距一定距离的两个测站数据，生成两路信号，分别提供给两个测站，两点间距离约 10 km； （3）模拟源播发单北斗导航系统信号	单北斗板载 RTK 功能
场景 6	（1）模拟源使用仿真模式； （2）模拟源同步仿真相距一定距离的两个测站数据，生成两路信号，分别提供给两个测站，两点间距离约 10 km； （3）模拟源播发所有导航信号； （4）流动站采用动态场景（速度 2 m/s，加速度 0.05g）； （5）RTK 测试播发信号-130 dBm； （6）流动站播发信号依次降低 1 dB，基准站播发信号保持-130 dBm	跟踪灵敏度

续表

序号	场景概要描述	测试项目
场景 7	（1）模拟源使用仿真模式； （2）模拟源同步仿真相距一定距离的两个测站数据，生成两路信号，分别提供给两个测站，两点间距离约 10 km； （3）流动站采用动态场景（速度 200 m/s、加速度 4*g*）； （4）模拟源播发所有频点信号	动态要求 定位数据输出频度 原始观测量输出频度 电源及功耗
场景 8	实际信号环境	星基增强功能 联合板载 RTK 功能 板载 PPP 高精度功能 组合导航功能 单点定位精度 DGNSS 定位精度 静态后处理定位精度 RTK 定位精度 RTK 初始化时间及可靠性
场景 9	（1）模拟源使用仿真模式； （2）模拟源同步仿真相距一定距离的两个测站数据，生成两路信号，分别提供给两个测站，两点间距离约 10 km； （3）模拟源播发所有导航信号； （4）采用动态场景（速度 2 m/s，加速度 0.05*g*）； （5）导航三个频带内，在每个频带内随机选择一个频点施加干扰信号，单个干扰信号带宽为所在导航信号频点带宽的 10%，共施加三个干扰信号； （6）通过合路器与模拟器输出射频信号合成一路，总干扰功率不低于−78 dBm	抗带内窄带干扰的功能 复杂应用场景下数据接收质量和 RTK 定位性能（干扰场景）

续表

序号	场景概要描述	测试项目
场景10	（1）模拟源使用仿真模式； （2）模拟源播发所有频点信号； （3）模拟源同步仿真相距一定距离的两个测站数据，生成两路信号，分别提供给两个测站，两点间距离约10 km； （4）流动站有两个仿真场景，仅位置有差别，每次测试时在两个场景中切换； （5）模拟源采用电离层闪烁场景	复杂应用场景下数据接收质量和RTK定位性能（电离层闪烁）
场景11	实际信号，选取典型树荫下、建筑物遮挡场景	复杂应用场景（树荫、楼宇遮挡）下数据接收质量和RTK定位性能

注：① 如无特别说明，模拟器默认为静态场景，信号输出功率为-127 dBm；

② 模拟器的卫星轨道、卫星钟差、电离层时延等误差参数设置为无时变误差模式。

5.2.3 跟踪卫星数

1. 测试方法及步骤

（1）设备连接如图5-1所示。

（2）采用导航信号模拟源如表5-1“场景1”播发导航信号，信号输出功率为−127 dBm。

（3）测试系统通过功分器与各被测设备天线端口连接，通过串口服务器与各被测设备串口连接。

（4）测试系统对被测设备加电。

（5）约10 s后，测试系统向被测设备每隔5 s发送一次SIR指令（共发送两次），提示被测设备模拟器播发所有频点信号，提示被测设备冷启动状态。

（6）测试系统发送 POO 语句设置被测设备强制规定的卫星，约 10 s 后，测试系统控制被测设备断电，控制测试系统发送 RF 信号。

（7)约 10 s 后，被测设备加电，约 10 s 后，测试系统每隔约 5 s 发送一次 PRD 指令（共发送两次），提示被测设备关闭全部通道。

（8）约 10 s 后，测试系统每隔 5 s 发送一次 PRD 指令（共发送两次），设置 PRO 输出类型为 C 码伪距，打开全部通道，提示被测设备打开 PRO 语句，并按 1 Hz 存储 PRO 语句。

（9）等待 2 min，被测设备接收信号并按 1 Hz 自动存储 PRO（该语句含伪距观测值）语句，测试时间 20 min，记录文件名统一为“Num_channels.pro”。

（10）采用导航信号模拟源如表 5-1“场景 1”播发单北斗系统导航信号（卫星编号从 6 开始，且编号随机），重复以上步骤，测试单北斗跟踪卫星数。

2. 评估方法

对被测设备存储的后 600 s 数据的各通道伪距观测值进行统计，统计方法及步骤如下：

（1）任选一种观测类型，对各个卫星上该类型伪距观测值按照“5.2.13 伪距测量精度”进行统计。

（2）对其他剩余观测类型进行统计。

（3）当通道上伪距精度优于 3 m 时，判断该通道有效。

补充说明：通过对跟踪卫星各类型伪距观测值精度进行分析，确认跟踪卫星数据的正确性。

5.2.4　接收信号类型

考察 GNSS 接收机跟踪卫星信号类型数量的能力。

1. 测试方法及步骤

接收信号类型与“5.2.3 跟踪卫星数”一同测试判别。

2. 评估方法

如果各个测试信号在跟踪卫星数测试过程中能够收到该信号卫星（不要求满足跟踪卫星数各系统 12 个要求），则判定具有跟踪该卫星信号类型的能力。

5.2.5　星基增强功能

考察可支持全球范围内符合国际民航组织标准的单频及双频 SBAS 功能。

1. 测试方法及步骤

（1）室内测试环境中，设备连接如图 5-1 所示。

（2）导航信号模拟源如表 5-1“场景 2”所述播发导航信号，信号输出功率为 −127 dBm。

（3）测试系统通过功分器与各被测设备天线端口连接，通过串口服务器与各被测设备串口连接。

（4）测试系统给被测设备加电。

（5）约 10 s 后，测试系统每隔约 5 s 发送一次 SIR 指令（共发送两次），提示模拟器播发星基增强场景，提示被测设备为冷启动状态。

（6）约 10 s 后，测试系统每隔约 5 s 发送一次 RMO 指令（共发送两次），提示被测设备关闭 GGA 语句。

（7）约 10 s 后，测试系统每隔约 5 s 发送一次 RMO 指令（共发送两次），提示被测设备打开 GGA，并按 1 Hz 实时上报 GGA 语句。

（8）控制测试系统发送 RF 信号，等待 5 min。

（9）在 30 s 内播发星基增强信号，增强卫星数增至 5 颗，开始测试，判断被测设备能否在 5 min 内进入 SBAS 工作模式。

（10）5 min 后，播发全部增强卫星改正数，随机改变某颗卫星伪距 50 m，判断被测设备能否在 5 min 内识别该故障卫星并上报正确的卫星 PRN 号。

（11）10 min 后，在 30 s 内减少增强卫星数至 3 颗，开始计时，判断被测终端能否在 5 min 内退出 SBAS 工作模式。

（12）被测设备进入 SBAS 工作模式期间，被测设备输出解析后的增强电文信息，与模拟器播发电文进行比对，正确则认为可正常接收并解析星基增强信号。

（13）设置被测设备工作在星基增强模式下，接收实际卫星信号，输出解析后的原始电文信息，查看被测设备能否接收到实际卫星增强信号。

2. 评定方法

被测设备需能够正确接收模拟器星基增强信号并完成解算；可接收到实际卫星增强信号并输出正确的解析电文；模拟器播发增强改正数时可在规定时间内变更工作模式。

5.2.6　板载 RTK 和 PPP 高精度定位

1. 测试方法及步骤

（1）板载 RTK 高精度定位功能。

考察支持单北斗 RTK 定位功能、支持多系统联合 RTK 定位功能。

① 设备连接如图 5-2 所示；

② 导航信号模拟源如表 5-1“场景 5”所述仅播发单北斗导航信号，仿真测

站相距 10 km，信号输出功率为-127 dBm；

③ 测试系统通过功分器与各被测设备天线端口连接，通过串口服务器与各被测设备串口连接；

④ 测试系统给被测设备加电；

⑤用串口直连线连接基准站和流动站，设置基准站与相应流动站间的数据传输链路，形成差分工作模式；

⑥ 约 30 s 后，测试系统每隔约 5 s 发送一次 SIR 指令（共发送两次），提示当前测试系统仿真信号类型为单北斗系统卫星信号，且被测设备为冷启动状态；

⑦ 约 10 s 后，测试系统每隔约 5 s 发送一次 BMI 指令（共发送两次），将基准站已知坐标通过串口服务器发送给各被测基准站；

⑧ 约 10 s 后，测试系统每隔约 5 s 发送一次 RMO 指令（共发送两次），提示被测流动站关闭 GGA 语句输出；

⑨ 约 10 s 后，测试系统每隔约 5 s 发送一次 RMO 指令（共发送两次），提示被测流动站打开 GGA 语句，并按 1 Hz 实时上报 GGA 语句；

⑩ 约 10 s 后，测试系统控制流动站断电，控制测试系统发送 RF 信号；

⑪ 约 30 s 后，测试系统控制流动站加电；

⑫ 被测基准站在接收静态信号的同时，实时将基准站差分数据发送给流动站，被测流动站同时接收动态信号和基准站差分数据，经数据处理后，按 1 Hz 向测试系统自动上报 GGA 语句（定位结果表示为大地坐标系），测试时间 20 min。

（2）PPP 高精度定位功能。

考察支持 PPP 高精度定位功能。

① 室内测试环境中，设备连接如图 5-1 所示；

② 导航信号模拟源如表 5-1“场景 2”所述播发导航信号，信号输出功率为

−127 dBm；

③ 测试系统通过功分器与各被测设备天线端口连接，通过串口服务器与各被测设备串口连接；

④ 测试系统给被测设备加电；

⑤ 约 30 s 后，测试系统每隔约 5 s 发送一次 SIR 指令（共发送两次），提示当前为实际信号，且被测设备为冷启动状态；

⑥ 被测设备接收 PPP 信号和北斗系统各频点信号，输出解析后的观测量信息，与模拟器真值进行比对，正确则认为可正常接收并解析精密单点定位信号；

⑦ 被测设备对天接收实际信号，发送指令设置被测设备工作在 PPP 模式，采集并保存 GGA 语句，记录从发送指令至被测设备输出满足三维定位结果连续 120 次优于 0.7 m 第一个定位结果的时间间隔，作为初始化时间；测试时间 90 min，记录定位结果数据，取最后 10 min 数据评估精度。

2. 评估方法

从正式开始测试3 min处向后连续提取出1 000组测量定位结果，统计评定方法如下：

（1）统计水平和垂直定位误差。

水平定位分量Δh_j计算方法：

$$\Delta h_j=\sqrt{\Delta E_j^2+\Delta N_j^2}$$
$$\Delta E_j=E'_j-E_j \qquad (j=1,2,\ldots,n)$$
$$\Delta N_j=N'_j-N_j$$

垂直误差分量Δu_j计算方法：

$$\Delta u_j=\left|U_j{}'-U_j\right| \qquad (j=1,2,\ldots,n)$$

式中　j——参加统计的定位结果样本序号；

n——参加统计的定位结果样本总数；

Δh_j——水平定位精度；

E_j'——接收机解算出的第 j 个定位结果的东向分量；

E_j——实际坐标点的第 j 个定位时刻的东向分量；

N_j'——接收机解算出的第 j 个定位结果的北向分量；

N_j——实际坐标点的第 j 个定位时刻的北向分量；

U_j'——接收机解算出的第 j 个定位结果的垂直分量；

U_j——实际坐标点的第 j 个定位时刻的垂直分量。

（2）计算所有定位点的三维定位误差 Δs_j。

$$\Delta s_j = \sqrt{\Delta h_j^2 + \Delta u_j^2} \qquad (j = 1, 2, \ldots, n)$$

当 Δs_j 大于 50 m 时，相应历元的定位点判定为无效。

（3）将有效的定位点按三维定位误差从小到大排序，取第 $(n \times 66.7\%)$ 个点的水平定位分量和垂直定位分量作为该应用模式下的水平定位精度和垂直定位精度。

5.2.7 组合导航功能

考察是否具有惯导数据接口，支持惯导与 GNSS RTK 组合定位能力。

1. 测试方法及步骤

（1）采用实际信号测试，测试场景为城市高架桥遮挡场景（共穿行 5 次，行驶约 30 min）。

（2）基准站安装在楼顶开阔位置，装车的 RTK 天线顺着车头方向顺序放置。在天线放置位置做标记，隔天测试时天线放置在同一位置；惯导实际安装如图 5-6 所示，同时精确测量 IMU 中心与 GNSS 天线相位中心的 *X*/*Y*/*Z* 偏移量，在基准数据后处理中进行修正。

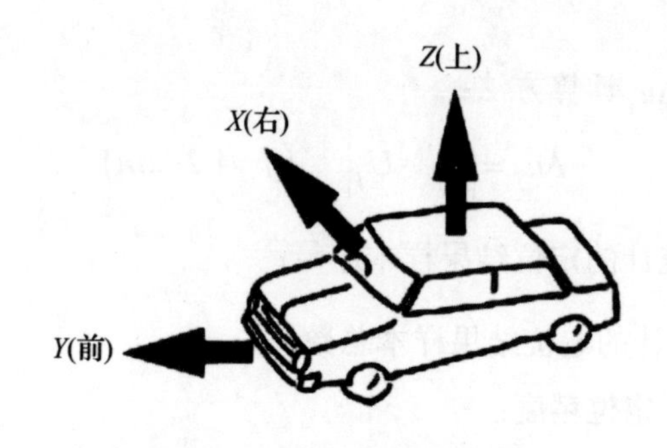

图 5-6　惯导实际安装示意图

（3）被测设备加电，在开阔天空下接收实际卫星信号。

（4）约 10 s 后，测试系统每隔 5 s 发送一次 SIR 指令（共发送两次），使被测设备为冷启动状态。

（5）约 10 s 后，测试系统每隔 5 s 发送一次 RMO 指令（共发送两次），提示被测设备关闭全部语句。

（6）约 10 s 后，测试系统每隔 5 s 发送一次 RMO 指令（共发送两次），提示被测设备打开 GGA 语句，并按 1 Hz 实时上报 GGA 语句，设备断电。

（7）10 s 后设备加电，在开阔天空下进行 20 min 收星，随后测试车辆低速行驶（10 km/h）进行动态初对准，然后按既定路线开始跑车，速度不高于 50 km/h，实时采集存储被测设备输出的定位信息（GGA 语句），以及参考输出的定位信息，选取 10 min 共 600 点数据进行过桥场景定位精度及可用性评估。

2. 评估方法

（1）统计水平和垂直定位误差。

水平定位分量 Δh_j 计算方法：

$$\Delta h_j = \sqrt{\Delta E_j^2 + \Delta N_j^2}$$
$$\Delta E_j = E'_j - E_j \qquad (j = 1, 2, \ldots, n)$$
$$\Delta N_j = N'_j - N_j$$

垂直误差分量Δu_j计算方法：

$$\Delta u_j = \left| U_j' - U_j \right| \quad (j = 1, 2, \ldots, n)$$

式中　j——参加统计的定位结果样本序号；

n——参加统计的定位结果样本总数；

Δh_j——水平定位精度；

E_j'——接收机解算出的第j个定位结果的东向分量；

E_j——实际基准轨迹的第j个定位时刻的东向分量；

N_j'——接收机解算出的第j个定位结果的北向分量；

N_j——实际基准轨迹的第j个定位时刻的北向分量；

U_j'——接收机解算出的第j个定位结果的垂直分量；

U_j——实际基准轨迹的第j个定位时刻的垂直分量。

（2）计算所有定位点的三维定位误差Δs_j。

$$\Delta s_j = \sqrt{\Delta h_j^2 + \Delta u_j^2} \quad (j = 1, 2, \ldots, n)$$

当Δs_j大于 50 m 时，相应历元的定位点判定为无效。

（3）将有效的定位点按三维定位误差从小到大排序，取第$(n \times 66.7\%)$个点的水平定位分量和垂直定位分量作为该应用模式下的水平定位精度和垂直定位精度。

5.2.8　抗带内窄带干扰的功能

抗带内窄带干扰的功能是指考察可有效抑制工作环境中存在的窄带干扰，能够消除干扰正常定位的功能。

1. 测试方法及步骤

（1）室内测试环境中，设备连接如图 5-5 所示。

（2）测试系统按照如表 5-1“场景 9”所述给被测设备播发信号，输出电平为 -127 dBm，总干扰波功率-78 dBm。

（3）测试系统通过功分器与各被测设备天线端口连接，通过串口服务器与各被测设备串口连接。

（4）用串口直连线连接基准站和流动站，设置基准站与相应流动站间的数据传输链路，形成差分工作模式。

（5）约 30 s 后，测试系统每隔约 5 s 发送一次 SIR 指令（共发送两次），提示当前测试系统仿真信号类型为全频点信号，且被测设备为冷启动状态。

（6）约 10 s 后，测试系统每隔约 5 s 发送一次 BMI 指令（共发送两次），将基准站已知坐标通过串口服务器发送给各被测基准站。

（7）约 10 s 后，测试系统每隔约 5 s 发送一次 RMO 指令（共发送两次），提示被测流动站关闭 GGA 语句输出。

（8）约 10 s 后，测试系统每隔约 5 s 发送一次 RMO 指令（共发送两次），提示被测流动站打开 GGA 语句，并按 1 Hz 实时上报 GGA 语句。

（9）约 10 s 后，测试系统控制流动站断电，控制测试系统发送 RF 信号。

（10）约 30 s 后，测试系统控制流动站加电。

（11）被测基准站在接收静态信号的同时，实时将基准站差分数据发送给流动站，流动站同时接收合路器输出的带有干扰波的信号，等待 3 min 后开始采集接收机输出的 GGA 语句，持续 5 min。

（12）5 min 后，将干扰波信号关闭，关闭时间 60 s。

（13）重复步骤（11）～（12），共测试十次。

2. 评定方法

取十次测试中的有效定位次数（满足三维定位精度优于 5 cm）计算成功率：

$$成功率=\frac{有效定位次数}{10}\times 100\%$$

定位精度评定方法如下：

（1）统计水平和垂直定位误差。

水平定位分量 Δh_j 计算方法：

$$\Delta h_j=\sqrt{\Delta E_j^2+\Delta N_j^2}$$
$$\Delta E_j=E_j'-E_j \qquad (j=1,2,\ldots,n)$$
$$\Delta N_j=N_j'-N_j$$

垂直误差分量 Δu_j 计算方法：

$$\Delta u_j=\left|U_j'-U_j\right| \qquad (j=1,2,\ldots,n)$$

式中 j——参加统计的定位结果样本序号；

n——参加统计的定位结果样本总数；

Δh_j——水平定位精度；

E_j'——接收机解算出的第 j 个定位结果的东向分量；

E_j——实际坐标点的第 j 个定位时刻的东向分量；

N_j'——接收机解算出的第 j 个定位结果的北向分量；

N_j——实际坐标点的第 j 个定位时刻的北向分量；

U_j'——接收机解算出的第 j 个定位结果的垂直分量；

U_j——实际坐标点的第 j 个定位时刻的垂直分量。

（2）计算所有定位点的三维定位误差 Δs_j。

$$\Delta s_j=\sqrt{\Delta h_j^2+\Delta u_j^2} \qquad (j=1,2,\ldots,n)$$

当 Δs_j 大于 50 m 时，相应历元的定位点判定为无效。

（3）将有效的定位点按三维定位误差从小到大排序，取第$\left(n\times 66.7\%\right)$个点的水平定位分量和垂直定位分量作为该应用模式下的水平定位精度和垂直定位精度。

5.2.9　复杂应用场景下数据接收质量和 RTK 定位性能

5.2.9.1　测试方法及步骤

1. 复杂应用场景下数据接收质量测试

考察 OEM 板在典型复杂应用场景下（如电离层闪烁、存在干扰、树荫下、建筑物遮挡等）数据接收质量。

（1）电离层闪烁场景下测试步骤及方法。

① 室内测试环境，使用模拟器进行测试，设备连接如图 5-2 所示；

② 导航信号模拟源按照表 5-1“场景 10”所述播发导航信号，仿真测站相距 10 km，输出电平为−127 dBm，模拟源输出电离层闪烁场景；

③ 被测设备连接模拟器射频输出，设置采样率为 1 Hz，并检查设备状态是否正常，设置存储的数据类型应包括各频点伪距和载波相位原始观测量，数据采集时间为 20 min。

（2）干扰场景下测试步骤及方法。

① 室内测试环境，使用模拟器进行测试，设备连接如图 5-2 所示；

② 测试系统按照表 5-1“场景 9”所述播发双路导航信号，仿真测站相距 10 km，输出电平−127 dBm，总干扰波功率−78 dBm；

③ 被测设备连接模拟器射频输出，设置采样率为 1 Hz，并检查设备状态是否正常，设置存储的数据类型应包括各频点伪距和载波相位原始观测量，数据采

集时间为 20 min。

（3）树荫下、建筑物遮挡场景下测试步骤及方法。

① 在 GNSS 接收机检定场中测试按表 5-1“场景 8”，设备连接如图 5-4 所示，天线安装 GNSS 综合检定场的已知点位上，三维绝对精度优于 0.01 m，基线值也可由高精度全站仪标定；

② 其中一个测站测试条件为典型树荫下、建筑物遮挡场景，另一个测站天线测试条件保证信号良好接收；

③ 被测设备同时连接天线信号，设置采样率为 1 Hz，并检查设备状态是否正常，设置存储的数据类型应包括各频点伪距和载波相位原始观测量，数据采集时间为 20 min。

2. 复杂应用场景下 RTK 定位性能测试

考察 OEM 板在典型复杂应用场景下（如电离层闪烁、存在干扰、树荫下、建筑物遮挡等）RTK 定位性能。

（1）电离层闪烁场景下测试步骤及方法。

① 室内测试环境，使用模拟器进行测试，设备连接如图 5-2 所示；

② 导航信号模拟源按照表 5-1“场景 10”所述播发导航信号，仿真测站相距 10 km，输出电平为-127 dBm，模拟源输出电离层闪烁场景；

③ 被测设备连接模拟器射频输出，设置采样率为 1 Hz，并检查设备状态是否正常，其他测试步骤及方法同“5.2.19 RTK 定位精度”。

（2）干扰场景下测试步骤及方法。

① 室内测试环境，使用模拟器进行测试，设备连接如图 5-2 所示；

② 测试系统按照表 5-1“场景 9”所述播发双路导航信号，仿真测站相距 10 km，输出电平-127 dBm，总干扰波功率-78 dBm；

③ 被测设备连接模拟器射频输出，设置采样率 1 Hz，并检查设备状态是否

正常，其他测试步骤及方法同“5.2.19 RTK 定位精度”。

（3）树荫下、建筑物遮挡场景下测试步骤及方法。

① 在 GNSS 接收机检定场中测试按表 5-1“场景 8”，设备连接如图 5-4 所示，天线安装在 GNSS 综合检定场的已知点位上，三维绝对精度优于 0.01 m，基线值也可由高精度全站仪标定；

② 其中流动站测试条件为典型树荫下、建筑物遮挡场景，基准站天线测试条件保证信号良好接收；

③ 被测设备同时连接天线信号，设置采样率为 1 Hz，并检查设备状态是否正常，其他测试步骤及方法同“5.2.19 RTK 定位精度”。

5.2.9.2　评估方法

（1）复杂应用场景下数据接收质量。

三种复杂场景下静态基线误差分量评定方法如下：

数据处理采用第三方软件，根据各家被测设备记录数据时间段，取 10 min 公共时间段进行静态数据解算，中间不再另分时段。

数据解算过程中，采用统一的参数设置，不进行额外的调整。

利用软件处理得到当地水平坐标系（NEU）下的基线向量（$\Delta N, \Delta E, \Delta U$），并与已知基线向量（$\Delta N_0, \Delta E_0, \Delta U_0$）进行比对，即可得到静态测量水平分量、垂直分量误差。

静态测量水平分量、垂直分量误差计算公式如下：

$$\Delta H = \sqrt{(\Delta E - \Delta E_0)^2 + (\Delta N - \Delta N_0)^2}$$

$$\Delta U = \left|\Delta U - \Delta U_0\right|$$

（2）复杂应用场景下 RTK 定位性能。

从正式开始测试 3 min 处向后连续提取出 1 000 组测量定位结果，统计评定方法与“5.2.16 单点定位精度”评定方法相同。

5.2.10 冷启动首次定位时间

冷启动首次定位时间是指被测设备在无有效星历、历书、概略位置及时间等信息条件下，从加电到首次获得满足定位精度要求时所需的时间。

1. 测试方法及步骤

（1）室内测试环境中，设备连接如图 5-1 所示。

（2）导航信号模拟源如表 5-1“场景 3”所述播发导航信号，输出电平 −127 dBm。

（3）测试系统通过功分器与各被测设备天线端口连接，通过串口服务器与各被测设备串口连接。

（4）测试系统给被测设备加电。

（5）约 10 s 后，测试系统每隔约 5 s 发送一次 SIR 指令（共发送两次），提示当前测试系统的仿真信号类型，且被测设备为冷启动状态。

（6）约 10 s 后，测试系统每隔约 5 s 发送一次 RMO 指令（共发送两次），提示被测设备关闭 GGA 语句。

（7）约 10 s 后，测试系统每隔约 5 s 发送一次 RMO 指令（共发送两次），提示被测设备打开 GGA，并按 1 Hz 实时上报 GGA 语句。

（8）约 10 s 后，测试系统控制被测设备断电，控制测试系统发送 RF 信号。

（9）约 30 s+delta（delta 取 1～30 s 的随机数）后，测试系统给被测设备加电，并开始计时。

（10）被测设备接收信号后，按 1 Hz 实时上报 GGA 给测试系统，测试系统采集并保存 GGA 语句，测试时间 2 min。

(11)测试系统控制被测设备断电，并更换测试场景，同时计算并记录冷启动TTFF，TTFF 为测试系统给被测设备加电至被测设备输出满足三维定位结果连续十次优于 60 m 第一个定位结果的时间间隔。

（12）重复步骤（4）～（11），进行十次冷启动首次定位时间测试。

（13）设置被测设备工作在 BDS B1C+B2a 频点工作模式下，重复以上步骤，测试冷启动首次定位时间。

（14）重复（4）～（12）测试其他剩余各导航系统信号。

2. 评估方法

将被测设备记录的相应导航系统的所有首个有效定位时标进行统计，有效结果不足九个时，视为本项不通过。

取十次测试中的九个有效结果（去掉最大值或一个无效值），取平均值作为测试结果。

补充说明：冷启动首次定位时间按照各导航系统逐个进行测试。

5.2.11 热启动首次定位时间

热启动首次定位时间是指被测设备在已知时间信息，已知星历、历书等信息且位置距上次定位点 100 km 以内条件下，从加电到首次获得满足定位精度要求时所需的时间。

1. 测试方法及步骤

（1）室内测试环境中，设备连接如图 5-1 所示。

（2）导航信号模拟源如表 5-1“场景 4”所述播发导航信号，输出电平 −127 dBm。

（3）测试系统通过功分器与各被测设备天线端口连接，通过串口服务器与各被测设备串口连接。

（4）测试系统给被测设备加电。

（5）约 10 s 后，测试系统每隔约 5 s 发送一次 SIR 指令（共发送两次），提示当前测试系统的仿真信号类型，且被测设备为冷启动状态。

（6）约 10 s 后，测试系统每隔约 5 s 发送一次 RMO 指令（共发送两次），提示被测设备关闭 GGA 语句。

（7）约 10 s 后，测试系统每隔约 5 s 发送一次 RMO 指令（共发送两次），提示被测设备打开 GGA，并按 2 Hz 实时上报 GGA 语句，10 s 后设备断电。

（8）被测设备接收测试系统输出信号，10 s 后设备加电，按 2 Hz 输出，3 min 后设备断电。

（9）5 min 后，测试系统控制被测设备加电，同时，被测设备接收测试系统输出信号，按 2 Hz 实时输出定位信息至测试系统，测试 2 min 后，被测设备断电。

（10）记录测量测试系统给被测设备加电至被测设备满足连续输出十次三维定位优于 60 m 的第一个定位结果的时间间隔。

（11）重复步骤（4）～（10），重复十次测试。

（12）重复步骤（4）～（11），测试其他剩余导航系统信号。

2. 评估方法

同“4.2.5 冷启动首次定位时间”评估方法。

热启动首次定位时间按照各导航系统逐个进行测试。

5.2.12 重捕获时间

重捕获时间是指被测设备在定位状态下中断信号，从恢复信号到首次获得满足定位精度要求时所需的时间。

1. 测试方法及步骤

（1）室内测试环境中，设备连接如图 5-1 所示。

（2）导航信号模拟源如表 5-1“场景 4”所述播发导航信号，输出电平 -127 dBm。

（3）测试系统通过功分器与各被测设备天线端口连接，通过串口服务器与各被测设备串口连接。

（4）测试系统给被测设备加电。

（5）约 10 s 后，测试系统每隔约 5 s 发送一次 SIR 指令（共发送两次），提示当前测试系统的仿真信号类型，且被测设备为冷启动状态。

（6）约 10 s 后，测试系统每隔约 5 s 发送一次 RMO 指令（共发送两次），提示被测设备关闭 GGA 语句。

（7）约 10 s 后，测试系统每隔约 5 s 发送一次 RMO 指令（共发送两次），提示被测设备打开 GGA，并按 10 Hz 实时上报 GGA 语句，10 s 后设备断电。

（8）被测设备接收模拟器 RF 信号，10 s 后被测设备加电，按 10 Hz 输出 GGA 语句，约 3 min 后测试系统停止发送 RF 信号。

（9）RF 信号中断 30 s 后，测试系统控制模拟器发送 RF 信号，并开始计时。

（10）被测设备接收信号后，按 10 Hz 实时上报 GGA 给测试系统。

（11）测试系统采集并保存 GGA 语句，测试时间 2 min。

（12）记录测量测试系统控制射频端口给被测设备发送场景至被测设备满足连续输出十次三维定位优于 60 m 的第一个定位结果的时间间隔为重捕获时间。

（13）重复步骤（4）～（12），重复十次测试。

（14）重复步骤（4）～（13），测试其他剩余导航系统信号。

2. 评估方法

同“4.2.5 冷启动首次定位时间”评估方法。

重捕获时间按照各导航系统逐个进行测试。

5.2.13 伪距测量精度

考察 GNSS 接收机码伪距的测量精度。

1. 测试方法及步骤

（1）室内测试环境中，设备连接如图 5-1 所示。

（2）被测设备接收如表 5-1“场景 0”所述导航信号。

（3）测试系统通过功分器与各被测设备天线端口连接，通过串口服务器与各被测设备串口连接。

（4）测试系统给被测设备加电。

（5）约 10 s 后，测试系统向被测设备每隔 5 s 发送一次 SIR 指令（共发送两次），提示被测设备模拟器播发所有频点信号，提示被测设备冷启动状态。

（6）约 10 s 后，测试系统每隔约 5 s 发送一次 PRD 指令（共发送两次），提示被测设备关闭全部通道。

（7）约 10 s 后，测试系统每隔 5 s 发送一次 PRD 指令（共发送两次），打开相应的全部通道，提示被测设备打开 PRO 语句，通过 PRO 语句按 1 Hz 实时上报伪距、载波。

（8）约 10 s 后，测试系统控制被测设备断电，控制测试系统发送引导信号，等待 300 s。

（9）关闭引导信号，等待 180 s。

（10）开始测试，被测设备按 1 Hz 自动实时上报 PRO（伪距、载波观测值）

语句，测试时间 20 min。

2. 评估方法

对同一信号分量的不同接收通道上报的伪距测量值（取后 1 000 组数据）进行双差处理，消除各类系统误差及本地钟差，统计不同信号分量的伪距测量精度，按下式计算伪距观测值精度，取平均值作为测试结果。

$$\sigma(k)=\frac{1}{2}\sqrt{\frac{\sum_{i=1}^{n}\nabla\Delta\rho_{ij}^{2}(k)}{n-1}}$$

式中　$\sigma(k)$——第 k 个信号分量的伪距测量精度；

k——信号分量编号；

i——卫星观测数据历元序号；

$\nabla\Delta\rho_{ij}(k)$——第 i 个观测历元第 j 颗卫星相对任意基准星的伪距观测值双差结果；

j——可见卫星序号；

n——双差观测值总数。

补充说明：

（1）所有信号类型要逐个进行测试；

（2）北斗系统跟踪卫星数不得少于 n−7（n 为模拟器播发卫星数），其他系统跟踪卫星数不得少于 n−2（n 为模拟器播发卫星数）；

（3）与载波相位测量精度一起测试。

5.2.14　载波相位测量精度

考察 GNSS 接收机载波相位的测量精度。

1. 测试方法及步骤

测试方法与“5.2.13 伪距测量精度”测试步骤相同，并与其同步进行测试。

2. 评估方法

对同一信号分量的不同接收通道上报的载波测量值进行三差处理，消除各类系统误差、本地钟差及整周模糊度，去除周跳，统计不同信号分量的载波测量精度，按下式计算载波相位观测值精度，取平均值作为测试结果。

$$\sigma(k)=\frac{1}{\sqrt{8}}\sqrt{\frac{\sum_{i=1}^{n}\Delta\nabla\Delta\varphi_{ij}^{2}(k)}{n-1}}$$

式中　$\sigma(k)$——第 k 个信号分量的载波测量精度；

k——信号分量编号；

i——卫星观测数据历元序号；

$\nabla\Delta\rho_{ij}(k)$——第 i+1 个观测历元的第 j 颗卫星相对任意基准星的载波观测值双差与第 i 个观测历元的第 j 颗卫星相对任意基准星的载波观测值双差之差；

j——可见卫星序号；

n——三差观测值总数。

补充说明：

（1）所有信号类型要逐个进行测试；

（2）与伪距测量精度一起测试。

5.2.15　跟踪灵敏度

考察 GNSS 接收机接收信号功率水平。

1. 测试方法及步骤

（1）室内测试环境中，设备连接如图 5-2 所示。

（2）导航信号模拟源如表 5-1“场景 6”所述播发导航信号，输出电平 -130 dBm。

（3）测试系统通过功分器与各被测设备天线端口连接，通过串口服务器与各被测设备串口连接。

（4）测试系统给被测设备加电。

（5）用串口直连线连接基准站和流动站，设置基准站与相应流动站间的数据传输链路，形成差分工作模式。

（6）约 30 s 后，测试系统每隔约 5 s 发送一次 SIR 指令（共发送两次），提示当前测试系统仿真信号类型，且被测设备为冷启动状态。

（7）约 10 s 后，测试系统每隔约 5 s 发送一次 BMI 指令（共发送两次），将基准站已知坐标通过串口服务器发送给各被测基准站。

（8）约 10 s 后，测试系统每隔约 5 s 发送一次 RMO 指令（共发送两次），提示被测流动站关闭 GGA 语句输出。

（9）约 10 s 后，测试系统每隔约 5 s 发送一次 RMO 指令（共发送两次），提示被测流动站打开 GGA 语句，并按 1 Hz 实时上报 GGA 语句。

（10）约 10 s 后，测试系统控制被测流动站断电，控制测试系统发送 RF 信号。

（11）约 30 s 后，被测流动站加电，被测基准站在接收静态信号的同时，实时将基准站差分数据发送给流动站，被测流动站同时接收动态信号和基准站差分数据，经数据处理后，按 1 Hz 向测试系统自动上报 GGA 语句（定位结果表示为大地坐标系），测试时间 5 min。

（12）测试系统控制输出的各颗卫星的各通道信号电平以 1 dB 步进降低，在模拟器输出信号的每个电平值下，计算被测设备能否在 300 s 内连续十次输出三维定位误差优于 5 cm 的定位数据。

（13）重复步骤（12），找出能够使被测设备满足该定位要求的最低电平值。

2. 评估方法

若在第 i 次调整测试系统输出信号功率后，被测设备不能在 300 s 内连续十次输出三维定位误差优于 5 cm 的定位数据（判定为跟踪信号丢失），则第 i-1 次测试系统控制模拟器输出的接口电平即为跟踪灵敏度。

补充说明：分别在单北斗和全系统下进行跟踪灵敏度测试。

5.2.16 单点定位精度

考察 OEM 板伪距单点定位精度。

1. 测试方法及步骤

（1）在 GNSS 接收机检定场中测试按表 5-1“场景 8”，设备连接如图 5-3 所示。测试条件静态、开阔空间保证信号良好接收，天线安装在 GNSS 综合检定场的已知点位上，PDOP≤3，天线的位置应已知，三维绝对精度优于 0.01 m。

（2）测试系统通过功分器与各被测设备天线端口连接，通过串口服务器与各被测设备串口连接。

（3）测试系统给被测设备加电。

（4）约 30 s 后，测试系统每隔约 5 s 发送一次 SIR 指令（共发送两次），提示当前为实际信号，且被测设备为冷启动状态。

（5）约 10 s 后，测试系统每隔约 5 s 发送一次 RMO 指令（共发送两次），提示被测设备关闭 GGA 语句输出。

（6）约 10 s 后，测试系统每隔约 5 s 发送一次 RMO 指令（共发送两次），提示被测设备打开 GGA 语句，并按 1 Hz 实时上报 GGA 语句（定位结果表示为大地坐标）。

（7）约 10 s 后，测试系统控制被测设备断电，控制测试系统发送 RF 信号。

（8）约 10 s 后，被测设备加电，等待 3 min 开始测试，并按 1 Hz 实时上报 GGA 语句，测试系统采集并保存 GGA 语句，测试时间 20 min。

（9）将天线更换到 GNSS 检定场上另一点位，重复步骤（2）～（6）一次，完成数据采集。

2. 评估方法

从正式开始测试 3 min 处连续提取出 1 000 组（1 000 s）测量定位结果，统计评定方法如下：

（1）统计水平和垂直定位误差。

水平定位分量Δh_j计算方法：

$$\Delta h_j = \sqrt{\Delta E_j^2 + \Delta N_j^2}$$
$$\Delta E_j = E_j' - E_j \qquad (j = 1, 2, \ldots, n)$$
$$\Delta N_j = N_j' - N_j$$

垂直误差分量Δu_j计算方法：

$$\Delta u_j = \left| U_j' - U_j \right| \qquad (j = 1, 2, \ldots, n)$$

式中　j——参加统计的定位结果样本序号；

n——参加统计的定位结果样本总数；

Δh_j——水平定位精度；

E_j'——接收机解算出的第j个定位结果的东向分量；

E_j——实际坐标点的第j个定位时刻的东向分量；

N_j'——接收机解算出的第j个定位结果的北向分量；

N_j——实际坐标点的第 j 个定位时刻的北向分量；

U_j'——接收机解算出的第 j 个定位结果的垂直分量；

U_j——实际坐标点的第 j 个定位时刻的垂直分量。

（2）计算所有定位点的三维定位误差 Δs_j。

$$\Delta s_j = \sqrt{\Delta h_j^2 + \Delta u_j^2} \qquad (j = 1, 2, \ldots, n)$$

当 Δs_j 大于 50 m 时，相应历元的定位点判定为无效。

（3）将有效的定位点按三维定位误差从小到大排序，取第 $(n \times 66.7\%)$ 个点的水平定位分量和垂直定位分量作为该应用模式下的水平定位精度和垂直定位精度。

补充说明：定位结果有效个数达不到总数据量的 95%，视为本次测试失败。

5.2.17 DGNSS 定位精度

考察 OEM 板伪距实时动态差分测量定位结果精度。

1. 测试方法及步骤

（1）在 GNSS 接收机检定场中测试按表 5-1“场景 8”，设备连接如图 5-4 所示，测试条件为静态、开阔空间保证信号良好接收，天线安装在 GNSS 综合检定场的已知点位上，PDOP≤3，天线的位置应已知，三维绝对精度优于 0.01 m，测站相距约为 10 km。

（2）测试系统通过功分器与各被测设备天线端口连接，通过串口服务器与各被测设备串口连接。

（3）给被测流动站加电。

（4）将被测设备放置在测试工位上，设置被测流动站与基准站间的数据传输链路，形成差分工作模式。

（5）约 30 s 后，测试系统每隔约 5 s 发送一次 SIR 指令（共发送两次），提示当前为实际信号，提示被测流动站为冷启动状态。

（6）约 10 s 后，测试系统每隔约 5 s 发送一次 RMO 指令（共发送两次），提示被测流动站关闭 GGA 语句输出。

（7）约 10 s 后，测试系统每隔约 5 s 发送一次 RMO 指令（共发送两次），提示被测流动站打开 GGA 语句，并按 1 Hz 实时上报 GGA 语句。

（8）基准站在接收卫星信号的同时，实时将基准站差分数据发送给流动站，被测流动站同时接收动态信号和基准站差分数据，经数据处理后，按 1 Hz 向测试系统自动上报 GGA 语句（定位结果表示为大地坐标），测试时间 20 min。

（9）将流动站天线更换到 GNSS 检定场上另一点位，重复步骤（5）～（9）一次，完成数据采集。

2. *评估方法*

从正式开始测试 3 min 处连续提取出 1 000 组（1 000 s）测量定位结果，统计评定方法如下：

对流动站定位结果的水平和垂直进行统计，计算方法同“5.2.16 单点定位精度”。

补充说明：

（1）三维定位误差大于 1 m 的结果，为无效结果，差分定位有效结果个数达不到总数据量的 95%，视为本次测试失败；

（2）基准站由测试组提供，只播发伪距改正数，基站坐标加入随机偏移（≤10 m）；

5.2.18 静态后处理定位精度

考察 OEM 板静态基线测量结果精度。

1. 测试方法及步骤

（1）在 GNSS 接收机检定场中测试按表 5-1“场景 8”，设备连接如图 5-4 所示，测试条件静态、开阔空间保证信号良好接收，天线安装在 GNSS 综合检定场的已知点位上，PDOP≤3，天线的位置应已知，三维绝对精度优于 0.01 m，测站距离相距约为 10 km。

（2）连接被测设备与功分器、电源设备的连接，采样率为 1 Hz，并检查设备状态是否正常，设置存储的数据类型应包括各频点伪距和载波相位原始观测量。

（3）准备工作完成后，根据规定的时间开机，进入静态测量数据采集，数据采集过程中天线保持静止不动，数据采集过程为 2 h 10 min。

（4）观测完成后，拷贝采集的原始观测数据，并将原始观测数据转换为 RINEX 格式。

2. 评估方法

数据处理采用第三方软件，根据各家被测设备记录数据时间段，取 2 h 公共时间段进行静态数据解算，中间不再另分时段。

数据解算过程中，采用统一的参数设置，不进行额外的调整。

利用软件处理得到当地水平坐标系（NEU）下的基线向量（$\Delta N,\Delta E,\Delta U$），并与已知基线向量（$\Delta N_0,\Delta E_0,\Delta U_0$）进行比对，即可得到静态测量水平分量、垂直分量误差。

静态测量水平分量、垂直分量误差计算公式如下：

$$\Delta H=\sqrt{(\Delta E-\Delta E_0)^2+(\Delta N-\Delta N_0)^2}$$

$$\Delta U=\left|\Delta U-\Delta U_0\right|$$

5.2.19 RTK 定位精度

考察 GNSS 接收机载波相位实时动态差分测量定位结果精度。

1. 测试方法及步骤

（1）在 GNSS 接收机检定场中测试按表 5-1“场景 8”，设备连接如图 5-4 所示，测试条件为静态、开阔空间保证信号良好接收，天线安装在 GNSS 综合检定场的已知点位上，PDOP≤3，天线的位置应已知，三维绝对精度优于 0.01 m，测站相距约为 10 km。

（2）测试系统通过功分器与各被测设备天线端口连接，通过串口服务器与各被测设备串口连接。

（3）测试系统给被测基准站和流动站加电。

（4）将被测设备放置在测试工位上，设置基准站与相应流动站间的数据传输链路，形成差分工作模式。

（5）测试系统每隔约 5 s 发送一次 BMI 指令（共发送两次），将基准站已知坐标通过串口服务器发送给各被测基准站。

（6）约 30 s 后，测试系统每隔约 5 s 发送一次 SIR 指令（共发送两次），提示当前为实际信号，且被测流动站为冷启动状态。

（7）约 10 s 后，测试系统每隔约 5 s 发送一次 RMO 指令（共发送两次），提示被测流动站关闭 GGA 语句输出。

（8）约 10 s 后，测试系统每隔约 5 s 发送一次 RMO 指令（共发送两次），提示被测流动站打开 GGA 语句，并按 1 Hz 实时上报 GGA 语句。

（9）被测基准站在接收卫星信号的同时，实时将基准站差分数据发送给流动站，被测流动站同时接收动态信号和基准站差分数据，经数据处理后，按 1 Hz 向测试系统自动上报 GGA 语句（定位结果表示为大地坐标），测试时间 20 min。

（10）将流动站天线更换到 GNSS 检定场上另一点位，重复步骤（5）～（9）一次，完成数据采集。

2. 评估方法

从正式开始测试3 min处向后连续提取出1 000组测量定位结果，统计评定方法与“5.2.16 单点定位精度”评定方法相同。

补充说明：

（1）三维定位误差大于5 cm的结果，为无效结果，差分定位有效结果个数达不到总数据量的95%，视为本次测试失败。

（2）统计中不区分浮点解和固定解，两者一起统计。

5.2.20 RTK初始化时间和可靠性

考察被测设备从获得差分信号开始至输出 RTK 固定解的时间；考察被测设备从获得完成初始化后RTK定位的可靠性。

1. 测试方法及步骤

（1）在GNSS接收机检定场中测试按表5-1“场景8”，设备连接如图5-4所示，测试条件为静态、开阔空间保证信号良好接收，天线安装在GNSS综合检定场的已知点位上，PDOP≤3，天线的位置应已知，三维绝对精度优于0.01 m，测站相距约为10 km。

（2）测试系统通过功分器与各被测设备天线端口连接，通过串口服务器与各被测设备串口连接。

（3）测试系统给被测基准站和流动站加电。

（4）将被测设备放置在测试工位上，设置基准站与相应流动站间的数据传输链路，形成差分工作模式。

（5）测试系统每隔约5 s发送一次BMI指令（共发送两次），将基准站已知坐标通过串口服务器发送给各被测基准站。

（6）约 30 s 后，测试系统每隔约 5 s 发送一次 SIR 指令（共发送两次），提示当前为实际信号，且被测流动站为冷启动状态。

（7）约 30 s 后，测试系统每隔约 5 s 发送一次 RMO 指令（共发送两次），提示被测流动站关闭 GGA 语句输出。

（8）约 10 s 后，测试系统每隔约 5 s 发送一次 RMO 指令（共发送两次），提示被测流动站打开 GGA 语句，并按 2 Hz 实时上报 GGA 语句。

（9）约 5 s 后，测试系统控制功分器电源连通流动站天线信号，等待 180 s。

（10）约 5 s 后，测试系统控制功分器电源切断流动站天线信号，等待 5～30 s 后测试系统随机接通流动站点位 A 或点位 B 的天线信号，并同时记录该时刻测试系统的本地时间。

（11）流动站同时接收基准站差分数据和卫星信号，通过串口服务器，以 2 Hz 频度向测试系统自动上报 GGA 语句，测试时间为 2 min。

（12）重复步骤（10）～（11），共测试十次。

2. 评估方法

对流动站定位结果进行统计，统计方法同“5.2.16 单点定位精度”。

计算从接通流动站天线信号至被测设备输出满足定位精度要求（三维定位结果连续十次优于 5 cm）的第一个定位结果之间的时间间隔，作为本次初始化时间结果。

取十次测试中最好的九个有效结果，取平均值，作为本项测试结果。

RTK 可靠性测试一次，时间为 20 min，以初始化时间完成时刻为起点，向后连续提取 1 000 s 的 2 Hz RTK 结果（结果历元丢失仍然计数），计算可靠性。

可靠性=1 000 s 内定位精度优于 5 cm 的个数/2 000

补充说明：

（1）统计中不区分浮点解和固定解，两者一起统计；

5.2.21 定位数据和原始观测量输出频度

5.2.21.1 测试方法及步骤

1. 定位数据输出频度

考察定位数据（含 RTK 结果）的输出频度可配置，支持最高频度不低于 50 Hz。

（1）室内测试环境，使用模拟器进行测试，设备连接如图 5-2 所示。

（2）导航信号模拟源按照表 5-1“场景 7”所述播发导航信号，仿真测站相距 10 km，输出电平为-127 dBm。

（3）定位数据（含 RTK 数据）测试方法同“4.2.11 跟踪灵敏度”，流动站以 50 Hz 频度自动存储 GGA 语句，测试时间 2 min，记录文件名统一为“Rate_50Hz.gga”。

2. 原始观测量数据输出频度

原始观测量数据输出频度可配置，支持最高频度不低于 50 Hz。

（1）室内测试环境，使用模拟器进行测试，设备连接如图 5-2 所示。

（2）导航信号模拟源按照表 5-1“场景 7”所述播发导航信号，仿真测站相距 10 km，输出电平为-127 dBm。

（3）设置两台被测设备采样率为 50 Hz，并检查设备状态是否正常，设置存储的数据类型应包括各频点伪距和载波相位原始观测量。

（4）各被测设备同时开机，采集观测数据 5 min。观测完成后，拷贝采集的原始观测数据，并将原始观测数据转换为 RINEX 格式并进行 PPK 解算，解算结果转为 GGA 格式。

5.2.21.2　**评定方法**

1. 定位数据输出频度

（1）从末尾连续提取 20 s 数据定位结果的水平和垂直进行统计，计算方法同“5.2.16 单点定位精度”；

（2）定位可用性=20 s 内三维定位精度优于 5 cm 的数据个数/1 000；

（3）定位可用性高于 95%则判定此项测试合格。

补充说明：有效定位结果个数达不到总数据量的 95%，视为本次测试失败。

2. 原始观测量数据输出频度

从末尾连续提取 20 s 数据定位结果的水平和垂直进行统计，计算方法同“5.2.16 单点定位精度”；

定位可用性=20 s 内三维定位精度优于 5 cm 的数据个数/1 000；

定位可用性高于 95%则判定此项测试合格。

补充说明：

（1）PPK 解算结果统一转为 GGA 格式；

（2）有效定位结果个数达不到总数据量的 95%，视为本次测试失败。

5.2.22　数据接口要求

考察 GNSS 接收机是否满足接口要求。

1. 测试方法及步骤

（1）室外测试环境中，设备连接如图 5-3 所示。

（2）对于 NMEA-0183 格式验证方法如下：设置被测设备通过 UART 和一种高速接口（网口或 USB）输出 NMEA-0183 语句，包含 GGA\RMC\GLL\GSV\GSA\ZDA 语句。

（3）对于 RTCM2.4、RTCM3.2 或 RTCM3.3 格式验证方法如下：设置被测设备为基准站模式，通过 UART 和一种高速接口（网口或 USB）分别输出 RTCM2.4、RTCM3.2 或 RTCM3.3 格式数据（包含星历），通过第三方软件工具（RTKLIB）查看数据格式。

2. 评估方法

如被测设备可以通过 UART 和一种高速接口输出上述任一数据，则判断此项指标合格。

原始数据格式同“5.2.18 静态后处理定位精度”一起测试，通过查看转换 RINEX 数据，如有 BDS 数据则判断此项指标合格。

通过查看 NMEA-0183 各项语句判断是否满足要求。

通过 RTKLIB 软件判断格式是否分别为 RTCM2.4、RTCM3.2 或 RTCM3.3。

5.2.23　电源及功耗

考察 OEM 板电气性能。

1. 测试方法及步骤

（1）导航信号模拟源如表 5-1“场景 7”所述播发导航信号，设置被测设备进入 RTK 工作模式，在全系统、全频点下进行功耗测试。

（2）使用程控直流电源给被测设备流动站供电，设置被测设备为 RTK 流动站模式，输出频度为 5 Hz。测试 5 min，测试中每 1 s 从程控电源读取 1 次功率值，共采集 300 个功率值。

2. *评估方法*

取采集的 300 个功率值的平均值作为功耗测试结果。

补充说明：电源及功耗测试包含 OEM 板及其载板。

5.3 测试平台

5.3.1 室内模拟信号有线测试平台

对于跟踪卫星数、接收信号类型、星基增强功能、抗带内窄带干扰、冷启动首次定位时间、热启动首次定位时间、重捕获时间、伪距测量精度、载波相位测量精度、功耗等项目，采用室内模拟信号有线测试平台，可实现基于卫星导航信号模拟器的多路平台测试。测试平台设备连接如图 5-7 所示。

5.3.2 室外实际信号静态测试平台

对于单点定位精度、PPP 高精度定位、DGNSS 定位精度、静态后处理定位精度、RTK 定位精度、RTK 初始化时间和可靠性等项目，采用室外实际信号静态测试平台，利用国家基准点构建多路测试，测试平台连接如图 5-8 所示。

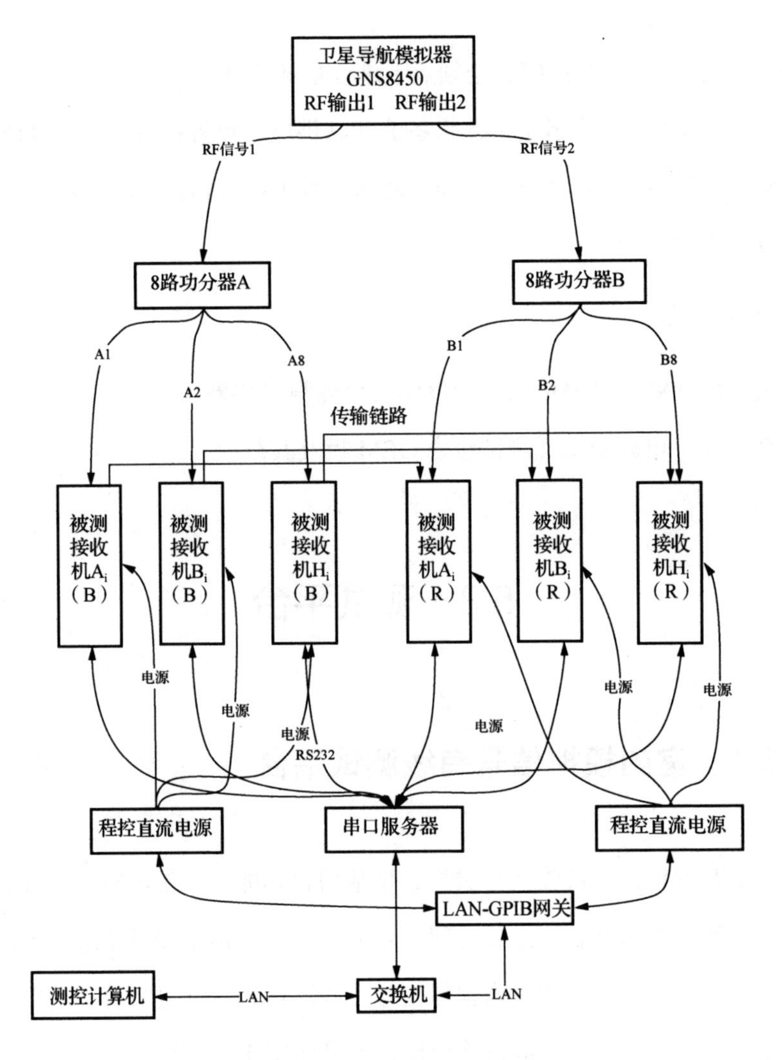

图 5-7　室内有线测试平台连接框图

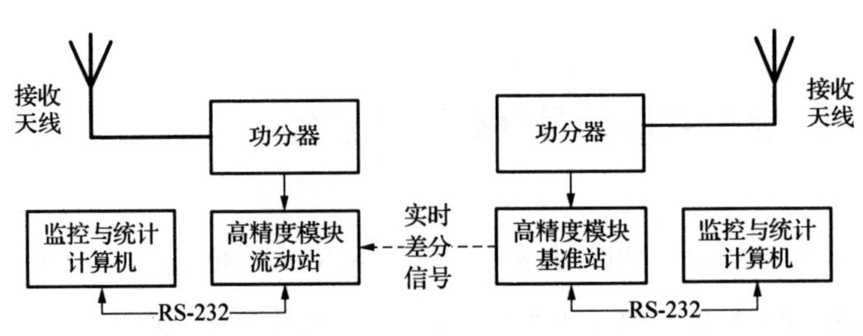

图 5-8　室外实际信号静态测试平台连接框图

5.3.3　室外实际信号动态测试平台

对于组合导航功能，在城市实际信号条件下进行动态跑车，选取典型的城市高架桥及深槽等典型场景，进行实际性能测试，测试平台连接如图 5-9 所示。

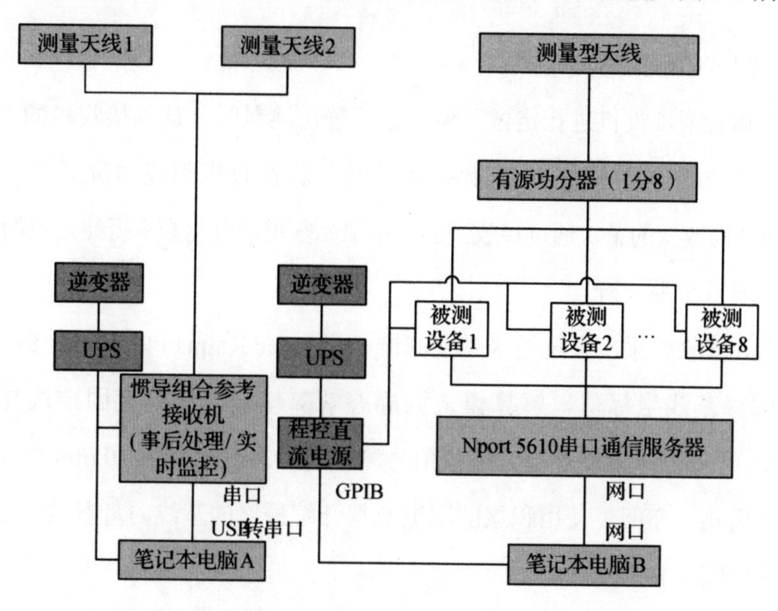

图 5-9　室外实际信号静态测试平台连接框图

5.4　测试结果分析

高精度模块实物比测主要在模拟信号和实际信号环境下，重点对 RTK 定位精度、静态后处理精度等项目进行了比测。其中模拟信号环境下，复杂场景（电离层闪烁场景）下静态后处理精度；实际信号环境下，RTK 定位精度、静态后处理精度、复杂场景（遮挡场景）RTK 定位精度，这几个项目测试结果个别厂家出现了水平定位精度劣于垂直精度的现象。以下挑选典型项目进行分析。

5.4.1　复杂场景（电离层闪烁场景）静态后处理精度-模拟信号

（1）测试指标描述。

利用测量型接收机进行定位测量。进行静态测量时，认为接收机的天线在整个观测过程中的位置是静止，在数据处理时，将接收机天线的位置作为一个不随时间改变而改变的量，通过接收到的卫星原始数据的变化来求得待定点的坐标。

（2）测试结果分析。

数据处理软件采用扩展的卡尔曼滤波（extended Kalman filtering，EKF）模式逐历元解算基线坐标值，解算模式为静态解算模式，模糊度固定选择经典的 LAMBDA 方法。本测试项目为模拟信号测试，静态解算采用 10 min 一个时段的静态解算模式。亦即，使用积累的观测数据计算最终的基线向量参数。静态精度过程数据如图 5-10 所示。

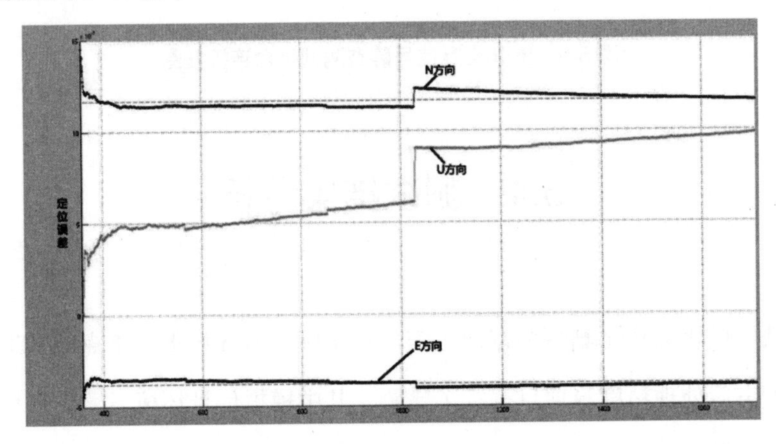

图 5-10　N、E、U 方向静态精度

本项目测试最终结果为：水平精度 12mm，垂直精度 10mm。

5.4.2　复杂场景（遮挡场景）RTK 定位精度-实际信号

（1）测试指标描述。

考核流动站在接收卫星导航信号和差分数据下，获得固定解后的定位精度。

（2）测试结果分析。

流动站天线遮挡情况如图 5-11 所示，利用吸波材料遮挡了天线北边天空，构建了半边天测试场景。

图 5-11　复杂场景（遮挡场景）示意图

5.4.3 RTK 定位精度-实际信号

本测试项目利用实际信号测试，测试时长20 min，数据处理选用1 000 s数据进行。不同评估方法下的 RTK 定位精度如表 5-2 所示。

表 5-2 RTK 定位精度不同评估方法对比

类型	水平精度/mm	垂直精度/mm	三维精度/mm	备注
定位偏差+定位精密度	3.1	3.1	4.4	参考 BD 420005—2015 专项标准计算方法
1σ	3	2	3.6	分别统计水平方向及垂直方向精度进行评估
2σ	4	5	6.4	
3σ	5	6	7.8	
66.70%	3.3	1	3.4	直接采用三维精度进行评估，水平及垂直方向采用实时误差结果

5.4.4 静态后处理精度-实际信号

数据处理软件采用扩展的卡尔曼滤波（EKF）模式逐历元解算基线坐标值，解算模式为静态解算模式，模糊度固定选择经典的 LAMBDA 方法。本测试项目为实际信号测试，静态解算采用 2 h 一个时段的静态解算模式。亦即，使用积累的观测数据计算最终的基线向量参数。

5.4.5 总结分析

（1）GNSS 测量的是卫星至用户的几何距离。考虑到 GNSS 星座与用户位置的几何构型，经研究分析，水平精度因子（HDOP）一般比垂直精度因子（VDOP）要小，导致在实践中水平精度要比垂直精度高，实践经验表明，水平精度比垂直精度高 1.5～2 倍。而在本次已知约 10 km 基线的条件下，垂直方向上的位置误差在时间序列上表现得更小更稳定，而水平方向表现的误差更大，随时间的波动性更大，带有一定的随机性。

（2）被测模块的算法，会针对性进行策略调整及卫星选星定位，本次比测中测试时长均较短，测试短时段内参与定位解算的卫星 VDOP 值在测试时间段优于 HDOP 值，从而可能导致该时间段内水平精度劣于垂直精度。

（3）关于精度评估方法：由整体数据分析图可以看出，定位精度保持在一定精度范围内进行波动，在初始垂直方向平行偏差较水平小，但随着测试时间水平精度逐渐提高并优于垂直精度，且在测试的较短时间内采用定位偏差+定位精密度或 2σ、3σ均可看出其水平精度优于垂直精度，而按照 1σ、66.7%评估方法则水平精度差于垂直精度。

针对高精度模块可能采用的静态策略，后续的测试过程中可以采用增加测试时长（RTK 定位及静态观测量至少采集 24 h 数据）及变更天线点位构建非纯静态的方式进行测试评估。

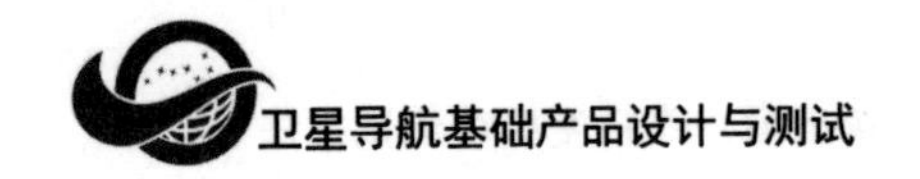

5.5 小 结

本章描述了高精度模块的技术指标要求，主要包括星基增强、组合导航、抗带内窄带干扰等功能要求，以及定位精度、时间特性、灵敏度特性、RTK初始化时间及可靠性、静态后处理精度、观测量输出频度、功耗等性能指标；并对各功能及性能项目测试方法进行了详细阐述，可指导高精度模块研发及生产测试等工作。

第六章

宽带射频芯片测试方法

当前，根据高精度导航芯片、模块的选用需求，民用多模多频宽带射频芯片应支持包括北斗系统在内的四大主流卫星导航系统所有民用频点信号的宽带接收，具备至少三个并行的、带宽和中心频点可配置的接收通道，集成包括低噪声放大器、频率综合器、混频器、中频滤波器、自动增益控制电路、模数转换电路、SPI 接口、低压差线性电源（LDO）等功能模块，支撑整机实现定位定向、高精度测量等应用。

6.1 技术指标要求

按照北斗三号信号体制要求，宽带射频芯片主要技术指标分析如下。

（1）多频点并行接收。

射频芯片集成三个或三个以上并行的、带宽和中心频点可配置的接收通道。按照中心频点和带宽的设置，每个接收通道既可支持对单个导航频点信号的接收，也可支持对设定频带内多个导航频点信号的同时接收。射频芯片应支持的导航频带和频点如表 6-1 所示。

表 6-1　射频芯片支持的导航频带和频点

频带	频点/MHz	带宽/MHz	支持信号
L1	1 602	10	GLONASS L1
	1 575.42	20	BDS B1C，GPS L1C/A、L1C，GALILEO E1OS
	1 561.098	20	BDS B1I
上 L2	1 268.52	20	BDS B3I
	1 246	10	GLONASS L2
	1 227.6	20	GPS L2C、L2P/Y

续表

频带	频点/MHz	带宽/MHz	支持信号
下 L2	1 207.14	20	BDS B2I、B2b，GALILEO E5b
	1 191.795	53	BDS B2，GALILEO E5
	1 176.45	20	BDS B2a，GPS L5，GALILEO E5a

（2）通道 3 dB 带宽。

通道 3 dB 带宽即功率谱密度的最大值下降到一半时的频率范围，通道 3 dB 带宽应在 10～40 MHz 范围内可编程配置，测试结果与设置值的偏差应在 5% 范围内。

（3）带内平坦度。

带内平坦度即带内信号各频率点相对于中心频率的幅度变化情况，带内平坦度应不大于 1 dB（0.75 倍带宽内）。

（4）带外抑制。

带外抑制即对有用信号带宽以外信号的抑制程度，带外抑制应不小于 20 dB（1.5 倍 3 dB 带宽）。

（5）输入 1 dB 压缩点。

输入 1 dB 压缩点即在非线性区工作时，随着输入功率的增大，输出功率的增加值相比于线性增益低 1 dB 时的输入/输出功率值；通道增益为 40 dB±1 dB 时，1 dB 压缩点输入功率应不小于-35 dBm。

（6）等效噪声系数。

等效噪声系数应不大于 5 dB。

（7）相位噪声。

相位噪声输出信号相位的随机变化情况，等效噪声系数应不大于 5 dB。

（8）功耗。

多通道最大带宽工作模式下，功耗应不大于 300 mW。

（9）I/Q 适配误差。

相位误差应在±1°以内，幅度误差应在±0.5 dB 以内。

（10）输入电压驻波比。

输入电压驻波比应不大于 1.5。

6.2　测试及评估方法

6.2.1　多模并行接收能力

1. 测试步骤

（1）仪器设置

按图 6-1 连接测试设备。

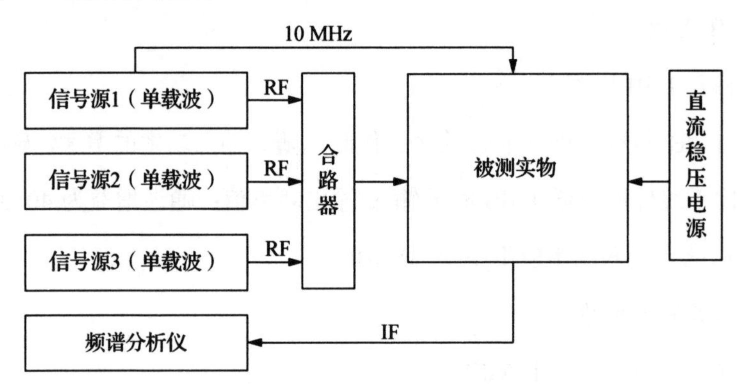

图 6-1　多频点并行测试设备连接图

信号源：每次测试一个频带，根据被测频带内支持的频点分别设置信号源频率，在被测频带上并发 3 个射频信号，输出信号电平为-70 dBm。对所有被测芯片采用相同的射频电缆。

频谱仪：设为频谱分析仪模式，按被测频点标称的模拟中频频率设置中心频率，根据被测频点带宽设置 SPAN 为适当值，RBW 设为 1 kHz。

根据各频带支持的频点范围，对被测芯片进行设置，每个频带可以并行该频带内 3 个频点信号。

2. 评估方法

在每个频带内，根据设置的频率点查看信号输出，可输出稳定频率和功率的 3 个中频输出信号，则认为满足并行接收能力。

6.2.2 通道 3 dB 带宽

考察 3 dB 带宽，是指比峰值功率小 3 dB（也就是峰值的 50%）的频谱范围的带宽。

1. 测试方法及步骤

（1）仪器设置。

按图 6-2 进行测试设备连接。

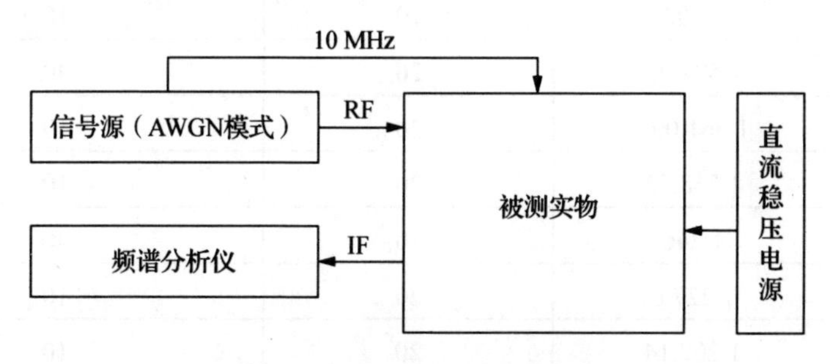

图 6-2 3 dB 带宽测试设备连接图

用射频电缆连接信号源RF输出至评估板射频输入端口，信号源10 MHz输出接入被测实物作为 Refin 时钟；用射频电缆连接评估板中频输出端口至频谱仪输入口；用直流稳压电源给被测芯片评估板供电，设置电压为3.3 V或5 V（根据产品实际情况定义）。

信号源：设置频率为被测频点对应射频通道的本振频率（根据产品实际情况定义）（防止信号源本振泄露影响测试结果），进入 AWGN 模式，设置噪声带宽为80 MHz；设置信号源输出电平为-70 dBm（可在-85～-60 dBm 范围内自报，以看不到杂散为宜）。对所有被测芯片采用相同的射频电缆。

频谱仪：设为频谱分析仪模式，起始频率设为1 MHz，截止频率设为待测芯片所配置3 dB带宽的两倍，比如芯片3 dB带宽配置为10 MHz，则截止频率设为20 MHz，RBW 为 Auto。

扫频方式：在测试带宽内2 000个步进。

（2）数据统计。

根据被测频点中频频率配置被测芯片 3 dB 带宽，在各频带选择中间频点，将其带宽配置为40 MHz进行测试，作为宽带应用的测试项，具体如表6-2所示。

表6-2　3 dB带宽配置表

频带	频点/MHz	带宽/MHz	3 dB 带宽配置/MHz
L1	1 602	10	10
	1 572.42	20	40
	1 561.098	20	10
上 L2	1 268.52	20	10
	1 246	10	40
	1 227.6	20	10
下 L2	1 207.14	20	10
	1 191.795	53	40
	1 176.45	20	10

控制信号源打开射频输出，设置频谱仪检波器为有效值检波，扫描时间设为10 s，进行数据统计。

当3 dB带宽配置为10 MHz时为单频点测试，调整频谱仪Marker至所测频点对应的中频频率处记录功率值，再调整Marker至右侧功率下降3 dB处，记录此处频率值为f_{3dB}，即为3 dB带宽。

当3 dB带宽配置为40 MHz时为多频点测试，要求可以接收该频带内所有频点信号，调整Marker至所测频点对应的中频频率处记录功率值，再调整Marker至40 MHz带宽左右功率下降3 dB处，记录此处频率值为$f_{3\,dB}$，即为3 dB带宽。

2. 评估方法

根据实际测试到的3 dB带宽值，同设置值进行比较，误差在设置值的±5%范围内则认为通过该项测试。

6.2.3　带内平坦度

带内平坦度是表述低噪放在给定带宽范围内的增益“剧烈增加”和“快速下降”的数值。

1. 测试方法及步骤

（1）仪器设置。

信号源和频谱仪的参数配置同“通道 3 dB 带宽”项目，设备连接方式同“通道3 dB带宽”项目。

（2）数据统计。

控制信号源打开射频输出，设置频谱仪检波器为有效值检波，扫频起始频率为1 MHz，扫频宽度为被测频点中频信号3 dB带宽的75%，RBW设置为100 kHz

（窄带情况下）或 300 kHz（宽带情况下），扫描时间设为 10 s，搜索最大值和最小值，分别记为 $P_{\mathrm{InBandMax}}$ 和 $P_{\mathrm{InBandMin}}$。

2. 评估方法

根据测试的最大和最小功率值，利用以下公式计算带内平坦度：

$$带内平坦度 = P_{\mathrm{InBandMax}} - P_{\mathrm{InBandMin}}$$

6.2.4 带外抑制度

带外抑制度是表述低噪放对通带以外信号的抑制程度。

1. 测试方法及步骤

（1）仪器设置。

信号源和频谱仪的参数配置同“通道 3 dB 带宽”项目，设备连接方式同同“通道 3 dB 带宽”项目。当进行宽带测试时，测试（1.5 倍 3 dB 带宽～2 倍 3 dB 带宽）区间的功率电平最大值，在信号源上将频率设置为偏离被测中频 40 MHz。

（2）数据统计。

控制信号源打开射频输出，设置频谱仪检波器为有效值检波，扫描时间设为 10 s，扫描被测频点 1.5 倍 3 dB 带宽范围内的功率电平最大值记为 $P_{\mathrm{InBandMax}}$，在（1.5 倍 3 dB 带宽～2 倍 3 dB 带宽）区间内搜索功率电平最大值记为 $P_{\mathrm{OutBandMax}}$，二者之差即为带外抑制度。

2. 评估方法

根据测试的最大和最小功率值，利用以下公式计算带外抑制度：

$$带外抑制度 = P_{\mathrm{InBandMax}} - P_{\mathrm{OutBandMax}}$$

6.2.5　输入 1 dB 压缩点

输入 1 dB 压缩点是指输出信号功率相对于线性响应值下降 1 dB 的点，其对应的输入功率为 1 dB 压缩点，即 P-1。

1. 测试方法及步骤

（1）仪器设置。

测试设备连接方案同“通道 3 dB 带宽”项目。

用射频电缆连接信号源RF输出至评估板射频输入端口，信号源10 MHz输出接入被测实物作为 Refin 时钟；用射频电缆连接评估板中频输出端口至频谱仪输入口；用直流稳压电源给被测芯片评估板供电，设置电压 3.3 V 或 5 V（根据产品实际情况定义）。

信号源：设置频率 f_{RF} 为被测频点频率，功率电平 PRF 设置为−70 dBm（以不饱和中频通道为前提）。对所有被测芯片采用相同的射频电缆（标定线损，并进行补偿）。

频谱仪：设为频谱分析仪模式，按被测频点标称的模拟中频频率设置中心频率，根据被测频点带宽设置 SPAN，设为峰值检波模式，将 Marker 置于中频信号峰值处。

（2）数据统计。

设置被测射频芯片 AGC 功能关闭，设置芯片通道增益 40 dB±1 dB，控制信号源打开射频输出，以 0.5 dB 为步进增加信号源输出功率，分析中频输出信号功率随信号源输出功率变化的关系，记录中频输出信号功率相对于线性响应值下降 1 dB 的点，其对应的输入功率为 1 dB 压缩点。

2. 评估方法

中频输出信号功率相对于线性响应值下降 1 dB 的点≥-40 dBm，则认为通过该项测试。

6.2.6 等效噪声系数

噪声系数是指输入端的信噪比与输出端的信噪比之比值。等效噪声系数要求≤5 dB。

1. 测试方法与步骤

（1）仪器设置。

测试设备连接方案同“通道 3dB 带宽”项目。

用射频电缆连接信号源 RF 输出至评估板射频输入端口，信号源 10 MHz 输出接入被测实物作为 Refin 时钟；用射频电缆连接评估板中频输出端口至频谱仪输入口；用直流稳压电源给被测芯片评估板供电，设置电压 3.3 V 或 5 V（根据产品实际情况定义）。

信号源：根据测试频点设置单载波频率 f_{RF}（如有杂散信号载波频率可偏离±100 kHz 以内），标定插入损耗，使评估板射频输入端单载波功率电平为-100 dBm。

频谱仪：设为频谱分析仪模式，根据被测频点标称的模拟中频频率设置中心频率，根据被测频点带宽设置 SPAN 为 1.2 MHz。

（2）数据统计。

控制信号源打开射频输出，设置频谱仪检波器为有效值检波，扫描时间设为 10 s。设置 Marker 位于中频载波频率处，记录 Marker 处功率为 C（dBm）。设置频谱仪进行带内积分功率统计，设置积分带宽 B（Hz）为 1 MHz，记录测试结果为电荷泵 N（dBm）。

2. 评估方法

计算 N（dBm）= 10lg[10（N/10）- 10（C/10）]

计算 N_0（dBm/Hz）= N−10lg B=N−60

计算 N_F（dB）=−10lg[1.38×10−20×（t+273.15）]−100−C+N_0−3

式中　t——测试时的环境温度，℃。

（注：由于存在双边带噪声系数，所以最后减去 3 dB）

6.2.7　相位噪声

相位噪声是指被测芯片输入射频通道模拟中频输出信号在偏离载波 100 Hz、1 kHz、10 kHz、100 kHz 处的相位噪声。

1. 测试方法及步骤

（1）仪器设置。

按图 6-3 进行测试设备连接。

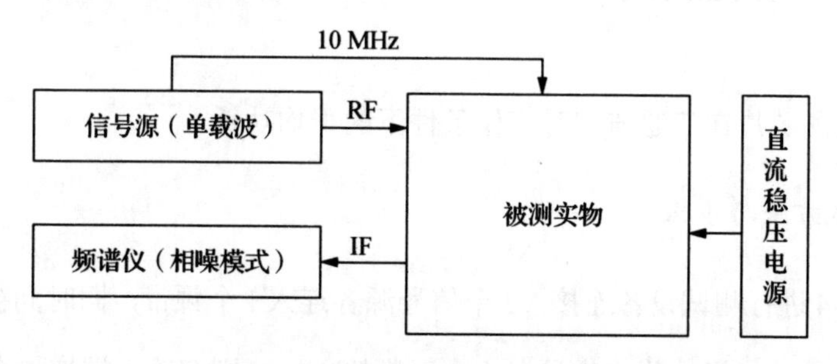

图 6-3　相位噪声测试连接图

用射频电缆连接信号源RF输出至评估板射频输入端口，信号源10 MHz输出接入被测实物作为 Refin 时钟；用射频电缆连接评估板中频输出端口至频谱仪输入口；用直流稳压电源给被测芯片评估板供电，设置电压3.3 V或5 V（根据产品实际情况定义）。

信号源：设置频率 f_{RF} 为被测频点频率，被测芯片输入通道单载波电平为−55 dBm。对所有被测芯片采用相同的射频电缆，控制信号源打开射频输出。

频谱仪：设为频谱分析仪模式，根据被测频点标称的模拟中频频率设置中心频率，将 Marker 置于中频信号峰值处；在相位噪声测试模式中，频偏区间设为10 Hz～1 MHz，测试点设为100 Hz、1 kHz、10 kHz、100 kHz。

（2）数据统计。

控制频谱分析仪开始进行相位噪声测试扫描，完成扫描后读出各测试点处的相位噪声值，记录测试结果。

2. 评估方法

根据不同频点处的相位噪声测试值，进行相位噪声的评估。

6.2.8　功耗测试

测试被测芯片在三通道同时工作条件下的平均功耗。

1. 测试方法与步骤

按图6-4进行测试设备连接，3个信号源各连入1个频带，同时向被测芯片输出单载波信号。如果被测实物只有1个射频输入口，则在输入端增加合路器。

利用程控直流电源给被测芯片供电，当被测芯片收到射频信号输出中频信号时，控制程控电源上报各被测设备工作时的瞬时电压值 V_i 和电流值 I_i。测试时间为 5 min。

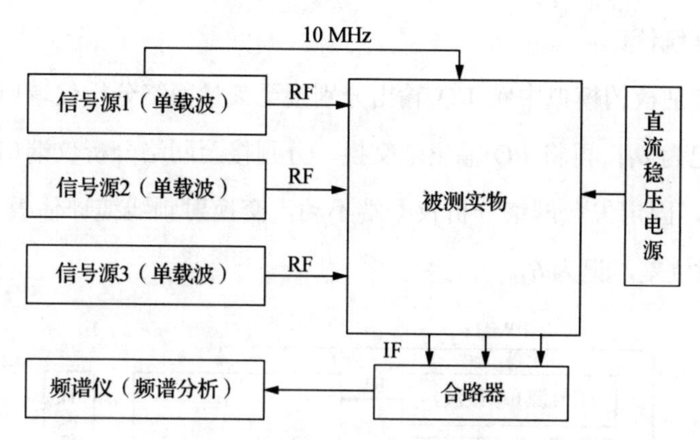

图 6-4　多频带并行测试设备连接图

2. 评估方法

（1）样本数不少于 200 个数；

（2）由瞬时功耗求得的平均值即为平均功耗。

6.2.9　I/Q 适配误差

相位误差±1°以内，幅度误差±0.5 dB 以内。

1. 测试方法及步骤

（1）仪器设置。

信号源：设置频率 f_{RF} 为被测频点频率，信号源输出电平为-70 dBm（可在-55～-100 dBm 内自报），对所有被测芯片采用相同的射频电缆。

矢量网络分析仪：设置为相位测试模式，并根据被测频点标称的模拟中频频率（f_{IF}）设置频率，设置 IF Bandwidth 为 30 Hz。

频谱仪：设为频谱分析仪模式，按被测频点标称的模拟中频频率设置中心频率，根据被测频点带宽设置 SPAN。

（2）数据统计。

将射频评估板的模拟中频 I/Q 输出分别接至矢量网络分析仪端口①、②，读出相位差，记为 θ_1；再将 I/Q 输出端交换，分别接至网络分析仪端口②、①（如图 6-5 所示，固定矢量网络分析仪一端不动，交换射频线缆评估板一端的 I 和 Q），读出相位差，记为 θ_2。

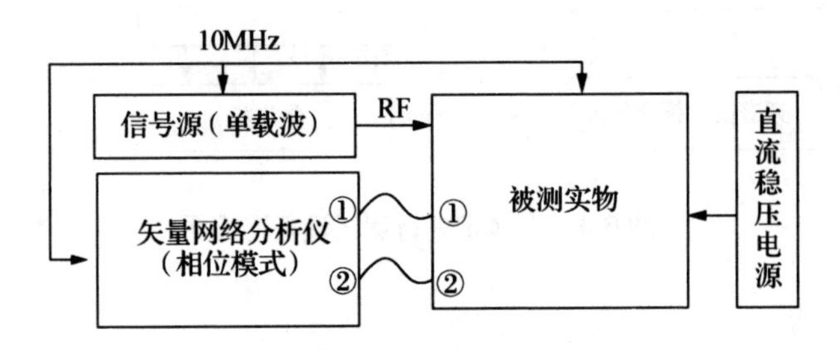

图 6-5　I/Q 适配相位误差测试连接图

计算 $\theta = \text{abs}（\theta_1 - \theta_2）/2 - 90$，即为相位误差测试结果（读取 20 次测量平均值作为最后测试结果）。

幅度误差测试，通过频谱仪分别测试 I/Q 两路输出信号功率记为 P_I、P_Q，幅度差为 $P=P_I - P_Q$。

2.评估方法

测试的相位误差±1°以内，幅度误差±0.5 dB 以内，则认为通过该项测试。

6.2.10　输入电压驻波比

考核射频芯片在规定的频点和带宽范围内的输入电压驻波比指标。

1. 测试方法及步骤

（1）仪器设置。

按图 6-6 进行测试设备连接。

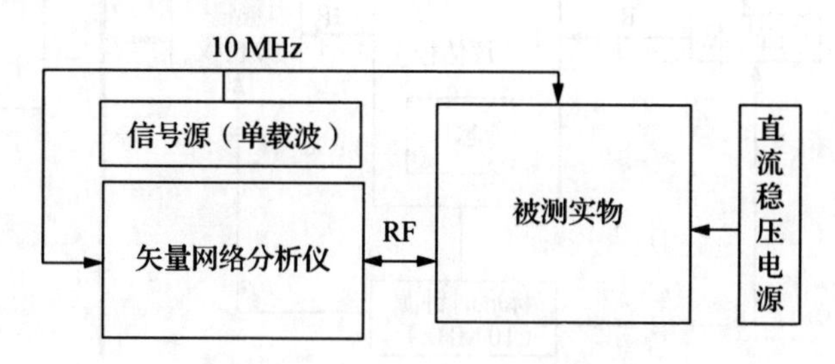

图 6-6 输入电压驻波比测试连接图

矢量网络分析仪：设置输出功率为-30 dBm，测量参数设为 S11，显示方式设为 SWR，扫频范围以 f_{RF} 为中心频率，扫频宽度设置为频点带宽，中频带宽 100 Hz，进行校准。

（2）数据统计。

控制网络分析仪进行扫描，扫描完成后在相应扫频范围内搜索电压驻波比最大值，记录为测试结果。

2. 评估方法

输入电压驻波比最大值≤1.5，则认为通过该项测试。

6.3 测试平台

宽带射频芯片作为射频集成电路类基础产品，其性能均在实验室内基于通用仪器构建的测试系统可完成测试，测试平台连接示意如图 6-7 所示，实物如图 6-8 所示。

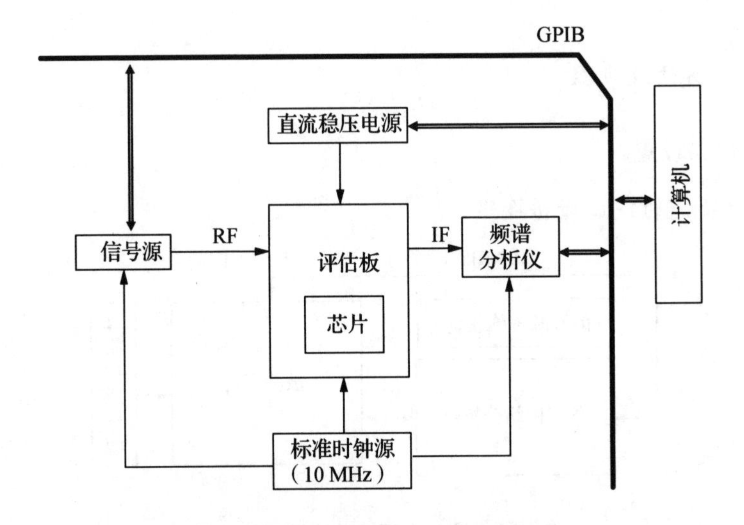

图 6-7　射频测试平台连接框图

图 6-8　射频性能测试系统

6.4　测试结果分析

6.4.1　相位噪声

锁相环是射频芯片的核心功能模块，集成的宽带小数分频锁相环如图 6-9 所示，采用了低噪声电荷泵，Sigma delta 小数分频，数模转换器小数杂散及量化噪声抵消技术和压控振荡器自动校准技术为混频器提供 1.1～1.7 GHz 高质量低相位噪声的正交本振信号。为优化本振的相位噪声性能，锁相环的环路带宽可通过调整 RC 取值进行微调，以平衡压控振荡器噪声功率和参考晶振的相噪对锁相环整体相位噪声的影响。

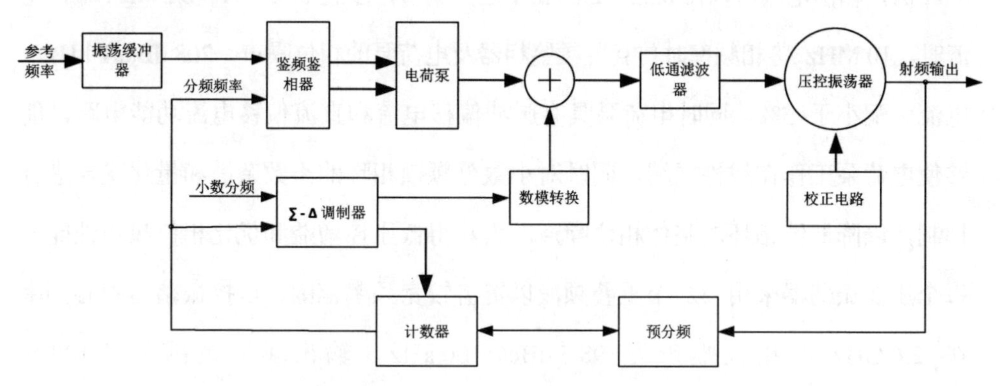

图 6-9　宽带小数分频锁相环

锁相环相位噪声后仿真拟合曲线结果如下图所示：

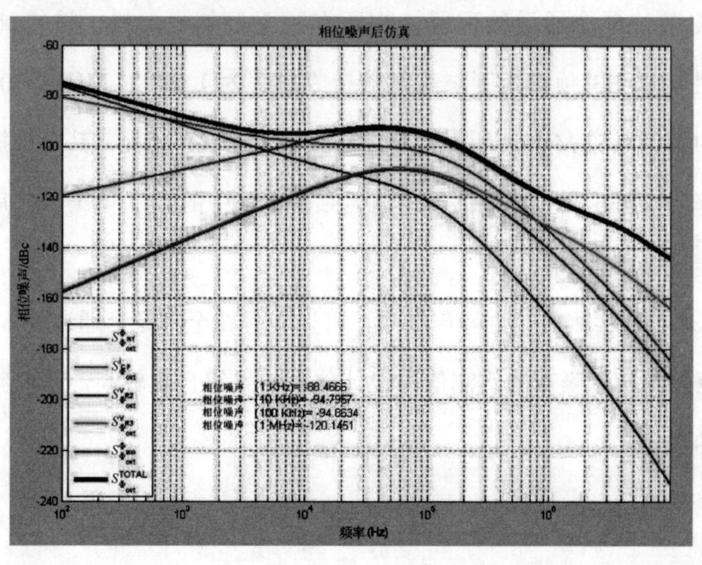

图 6-10　宽带小数锁相环相位噪声仿真结果

为实现低相位噪声的目标，采用 20 Bit sigma-delta 小数分频锁相环，支持多种晶振频率，默认参考频率 10 MHz。电荷泵电路采用开关管直接控制上下电流源与电源和地的通路而实现，通过两个运算放大器的负反馈作用动态调节上下电流源的电流，使其恒定相等。该电荷泵具备电荷共享消除电路，静态工作电流为 0.6 mA，输出电流可以在 0.32～2.24 mA 之间调节，步进 0.32 mA。2.24 mA 输出电流时，10 MHz 鉴相频率时仿真鉴频鉴相器及电荷泵的相位噪声<−208 dB@1 kHz，电流失配小于 3%。同时电荷泵具有脉冲偏移电流和直流偏移电流功能电路，能够使电荷泵工作在线性区域，同时对小数分频锁相环的小数杂散和量化噪声进行抑制，以降低锁相环的整体相位噪声。为获得低压控增益和优化相位噪声性能，每个压控振荡器采用 32 个重叠频段以覆盖较宽频率范围，压控振荡器中心频率在 2.6 GHz 时相位噪声为−98.5 dBc@100 kHz，输出频率范围为 2 100～3 700 MHz，为接收通道的混频器提供稳定的高精度、低相位噪声的本振信号。单个宽带锁相环覆盖频率范围为 1.1～1.7 GHz，包含了全部的卫星导航频率，使得芯片单个通道能配置接收所有的卫星信号，极大地提高了系统使用的灵活性。以 B3 频点为例，其射频接收频率为 1 268.52 MHz±10.23 MHz，设定输出中频为 0.52 MHz，所以选定本振频率为 1 268 MHz。其压控振荡器输出的振荡频率为 2 536 MHz，该信号经过混频器电路中的除 2 电路分频后，得到正交的本振信号给混频器。

表 6-3 是芯片实测的相位噪声结果，可以看到在全部三个通道上本振在 1.1～1.7 GHz 范围内相位噪声的实测值与设计仿真结果符合度较高，在低频段更是略优于仿真结果。

表 6-3　芯片实测的相位噪声结果

通道	要求			常温相噪（Q 路）/dB			
	本振/MHz	中频/MHz	带宽/MHz	@100 Hz	@1 kHz	@10 kHz	@100 kHz
CH3	1 600	2	10	83.01	89.46	95.97	96.99
CH3	1 580	4.58	40	82.61	89.37	95.79	96.78
CH3	1 565	3.902	10	82.5	89.67	95.33	96.43
CH2	1 265	3.52	10	85.44	92.21	95.07	101.69
CH2	1 240	6	40	84.14	90.68	92.97	101.6
CH2	1 220	7.6	10	84.24	91.05	93.71	102.11
CH1	1 205	2.14	10	82.01	89.86	93.42	98.28
CH1	1 190	1.795	40	82.9	89.52	94.25	98.71
CH1	1 180	3.55	10	82.23	90.41	93.31	98.35

6.4.2　通道隔离及中频杂散

带内杂散影响带内平坦度及等效噪声系数等指标，在单一芯片中集成了 3 条独立的接收通道，支持模拟中频和数字中频同时输出以及采样时钟输出。因此必须解决通道间隔离与信号间隔离的问题，否则信号与干扰信号的各种串扰将在中频输出被放大并形成杂散，这会增加芯片的输出杂散抬高芯片噪底。

为提高信号间的隔离水平，芯片在设计上首先是射频输入采用差分方式，经仿真表明较之单端输入结构能提高 50 dB 以上的杂散抑制效果如图 6-11 所示。

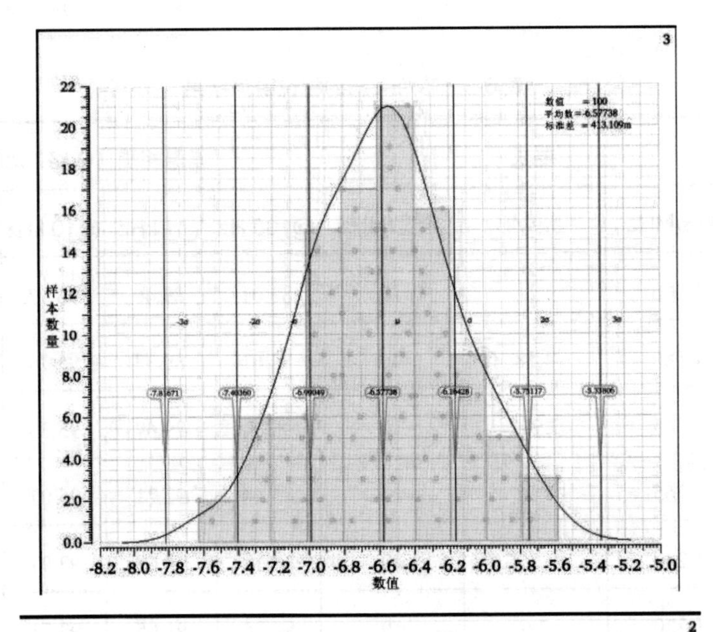

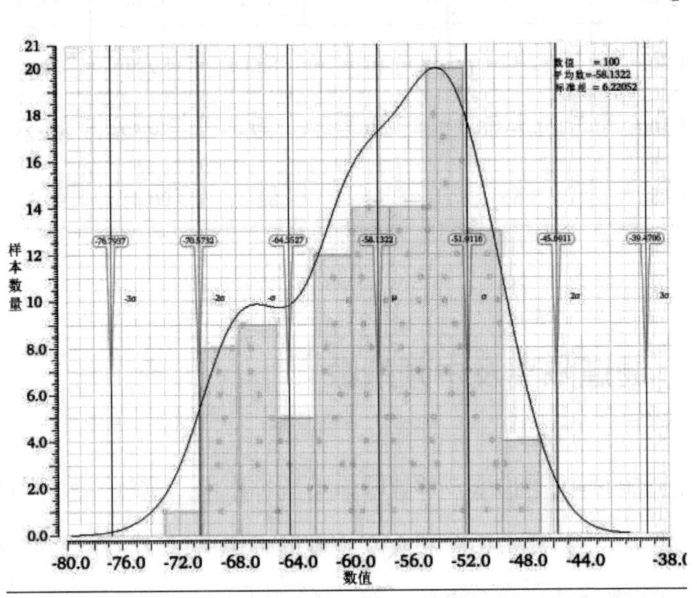

图 6-11　单端输入（左）与差分输入（右）对电源的抑制效果

其次，使用独立的线性稳压电源对电路中的振荡器、前端射频电路、模拟中频电路、数字电路、时钟参考电路单独供电，最大限度保证各个模块之间的独立工作，避免通道间的交叉耦合。同时版图设计中采用深阱隔离技术，对每个模块的深阱独立供电，拉远敏感电路与大信号模块之间的物理距离，能最大限度地降低各个模块之间的串扰。

采用以上措施后，芯片经过实际测试，中频输出带内观测不到杂散功率，如图 6-12 所示。

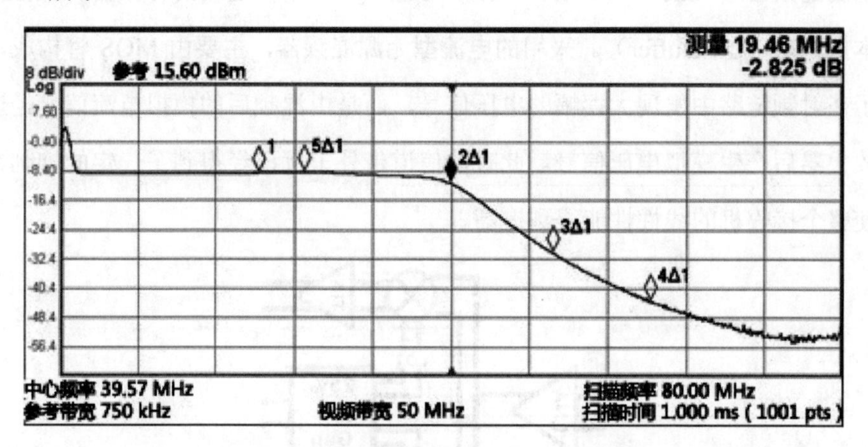

图 6-12 无信号输入时中频带内输出

6.4.3 等效噪声系数

低噪声放大器位于射频模块的最前端，为射频模块提供高增益、低噪声的前置放大，以降低整个射频接收通道的链路噪声系数。其输入按最小噪声设计匹配电路，兼顾输入驻波比（VSWR），输出按最大增益考虑，同时保证输出动态。为满足多模多频 GNSS 信号的输入，该低噪放必须进行宽带设计，满足增益平坦度指标要求。

一般采用两级低噪放，均为差分输入差分输出结构，内部集成源极负反馈的电感和负载电感，可以增加匹配的稳定性并减少片外电感的使用，降低了应用方案的尺寸和成本。同时采用恒定跨导偏置技术，使得低噪放输入管的跨导受温度和工艺的变化减小，从而获得比较稳定的功率增益和噪声系数特性。

为尽量同时达到线性和噪声系数的要求，射频芯片还采用了无源电流混频结构的下变频方式，如图 6-13 所示包括低噪声射频跨导放大器（低噪放-Gm）、无源电流混频器（Mixer）、跨阻放大器（TIA）以及本振通路的分频器（Divider）和本振驱动（LO-Buffer）。采用的电流型无源混频器，主要由 MOS 管构成，避免了在射频链路中出现大摆幅的电压信号，而是由混频后的模拟电流信号经过跨阻放大器后产生模拟电压信号。此时的信道带外干扰已经得到了一定的抑制，从而使整个接收机的线性性能得到提高。

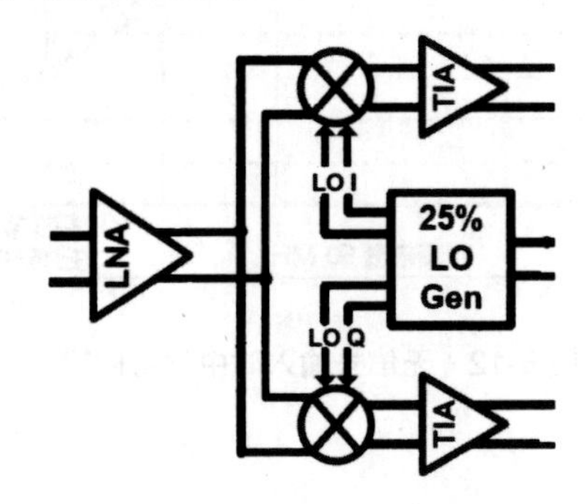

图 6-13　电流型射频前端示意图

在噪声方面，除了第一级低噪声放大器外，混频器后的跨阻放大器（TIA）也存在限制宽带系统噪声性能的因素。通常使用更大 Gm 的器件能够优化这一性能，因此需要在工艺和功耗中寻求解决方法。

从测试结果来看，这一结构的低噪放设计，可覆盖 1.1～1.7 GHz 频段，能满足指南要求的四大卫星导航系统所有民用信号的接收。接收通道 NF 实际测试结果约为 3.9 dB。

6.5 小　结

本章描述了宽带射频芯片的技术指标要求，主要包括并行接收能力、带内平坦度、带外抑制、等效噪声系数、相位噪声、功耗等性能指标；并对各性能项目测试方法进行了详细阐述，可指导宽带射频芯片研发及生产测试等工作。

第七章

天线测试方法

多模多频高精度天线支持包括北斗系统在内的四大主流卫星导航系统所有民用频点信号的射频信号接收，实现了高精度接收天线的小型化、低成本，面向移动 GIS、车道级导航、精准农业、定位定向等低成本高精度应用领域。

7.1　技术指标要求

按照北斗三号信号体制要求，面向高精度应用特点，主要技术指标分析如下。

（1）天线尺寸。

扁平天线尺寸≤ϕ80 mm×14 mm；

柱状天线尺寸≤ϕ30 mm×60 mm。

（2）相位中心偏差。

相位中心偏差是指天线平均相位中心与天线参考点之间的偏差，相位中心偏差不能超过 3 mm。

（3）极化方式及轴比。

椭圆极化波的长轴和短轴之比为轴比。在各接收频点范围内，天线的极化方式为右旋圆极化。轴比满足：≤3 dB（仰角 90°）；≤8 dB（仰角 20°～90°）。

（4）极化增益。

极化增益是指在相同输入功率条件下，采用不同极化方式的天线辐射电磁波的功率密度与各向同性圆极化天线的辐射功率密度之比。

扁平天线：

工作频带内的最大增益：≥2.5 dBi（仰角 90°），≥−4 dBi（仰角 20°～90°）；

在各接收频点范围内：≥-1 dBi（仰角 90°）；≥-7d Bi（仰角 20°～90°）。

柱状天线：

工作频带内的最大增益：≥2.0 dBi（仰角 90°）；≥-4 dBi（仰角 20°～90°）；

在各接收频点范围内：≥-2 dBi（仰角 90°）；≥-7 dBi（仰角 20°～90°）。

（5）前后增益比。

前后增益比是指天线法向极化增益与背向±30°内的极化增益最大值之差。

扁平天线：在各接收频点范围内，极化增益前后比不小于 13 dB。

柱状天线：在各接收频点范围内，极化增益前后比不小于 11 dB。

（6）滚降系数。

滚降系数是指法向极化增益与水平方向极化增益之差。在各接收频点范围内，滚降系数≥5 dB。

（7）低噪放电压驻波比。

在各接收频点范围内，对 50 Ω传输线低噪放电压驻波比应不超过 2.0。

（8）噪声系数。

噪声系数是指在标准信号源激励下输入信噪比与输出信噪比之比。在各接收频点范围内，噪声系数应≤1.5 dB。

（9）增益。

在各接收频点范围内，低噪放增益值应满足（40±2）dB。

（10）带外抑制。

带外抑制是指对有用信号带宽以外信号的抑制程度。接收信号变频±100 MHz 处，带外抑制应≥40 dB。

（11）输出 1 dB 压缩点。

输出 1 dB 压缩点是指在非线性区工作时，随着输入功率的增大，输出功率的增加值相比于线性增益低 1 dB 时的输入/输出功率值。1 dB 压缩点输出功率应不小于 0 dBm。

7.2　测试及评估方法

7.2.1　天线尺寸

柱状天线尺寸≤ϕ30 mm×60 mm，扁平天线尺寸≤ϕ80 mm×14 mm。

1. 测试方法及步骤

天线必须带外壳，利用游标卡尺量取天线尺寸，测量尺寸时不包括天线接头。

2. 评估方法

柱状天线尺寸≤ϕ30 mm×60 mm，扁平天线尺寸≤ϕ80 mm×14 mm。

7.2.2　相位中心偏差

相位中心偏差是指天线平均相位中心与天线参考点之间的偏差。

1. 测试方法及步骤

（1）相位中心偏差在外场测试，将参考天线及待测天线安置在强制对中观测墩上，参考天线及待测天线同时指向北方向，用射频电缆连接待测天线和 GNSS 接收机，设置截止高度角 20°，采样间隔 5 s，观测不少于 1 h。

（2）固定参考天线保持不动，待测天线顺时针旋转 90°进行第二时段观测，不少于 1 h。

（3）重复步骤（2），将待测天线旋转到 180°和 270°，进行第三时段和第四时段观测。

2. 评估方法

使用静态基线解算软件分别求出各时段基线向量，取基线长度最大值与最小值之差的 1/2 作为天线相位中心误差测试结果。

7.2.3　极化方式及轴比

极化方式用来描述辐射电磁波的电场矢量的方向和相对幅度的时变特性，包括圆极化和线极化，轴比是椭圆极化波的长轴和短轴之比。

1. 测试方法及步骤

（1）按图 7-1 所示，将待测天线瞄准发射天线固定，发射天线和待测天线分别接矢量网络分析仪。

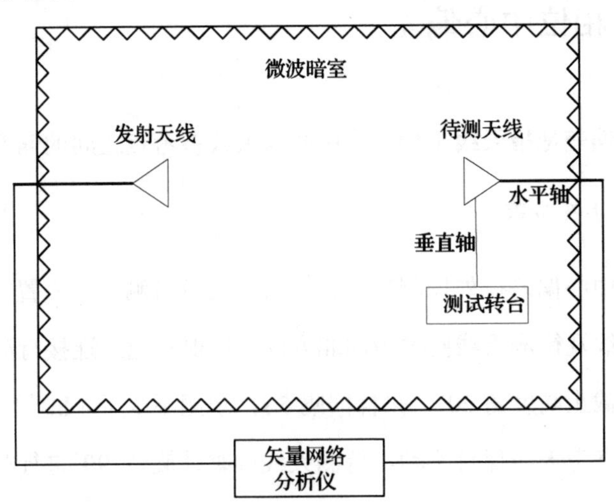

图 7-1　轴比测试示意图

（2）设置矢量网络分析仪工作频点为 1 575.42 MHz，1 575.42−10.23 MHz，1 575.42+10.23 MHz 三个点。

（3）待测天线绕水平轴线旋转 360°，记录接收信号电平最大值 G_{max} 与最小值 G_{min}，两者之差即为天线仰角 90°下的轴比。

（4）待测天线绕垂直轴线旋转 10°，然后待测天线绕水平轴线旋转 360°，记录接收信号电平最大值 H_{max} 与最小值 H_{min}，两者之差即为天线仰角 80°下的轴比，然后待测天线绕垂直轴线以 10°的步进旋转，重复步骤（4），依次测得天线在仰角 20°～80°下的轴比。

（5）分别设置矢量网络分析仪工作频点为：1 561.098 MHz±10.23 MHz；1 227.60 MHz±10.23 MHz；1 268.52 MHz±10.23 MHz；1 176.45 MHz±10.23 MHz；1 602 MHz±5 MHz；1 246.0 MHz±5 MHz；1 207.14 MHz±10.23 MHz；1 542.5 MHz±17.5 MHz。分别重复步骤（1）～（4），测试天线轴比，在轴比测试过程中判断天线极化方式。

2. 评估方法

在对应角度下接收信号电平最大值减去最小值即为该角度轴比，每个频段取频段上限点、中心频点、频段下限点三个点的测试值，做平均后得到该频段的测试值。

7.2.4　极化增益

极化增益为在相同输入功率条件下，天线在法向辐射电磁波的功率密度与各向同性圆极化天线在法向的辐射功率密度之比。

1. 测试方法与步骤

（1）按图 7-1 所示，将待测天线瞄准发射天线固定，发射天线和待测天线分别接矢量网络分析仪。

（2）设置矢量网络分析仪工作频点为 1 575.42 MHz±10.23 MHz，对测试系统链路进行校准。

（3）在仰角 90°下，待测天线绕水平轴旋转 360°（对应极化角 φ 变化），测得仰角 90°下的增益；然后绕垂直轴（对应方位角 θ 变化）以 10°的步进旋转直至 70°结束，重复步骤（3），测得仰角为 20°～90°下的增益。

（4）分别设置矢量网络分析仪工作频点为：1 561.098 MHz±10.23 MHz；1 227.60 MHz±10.23 MHz；1 268.52 MHz±10.23 MHz；1 176.45 MHz±10.23 MHz；1 602 MHz±5 MHz；1 246.0 MHz±5 MHz；1 207.14 MHz±10.23 MHz；1 542.5 MHz±17.5 MHz。分别重复步骤（1）～（3），测试天线极化增益。

2. 评估方法

每个频段取频段上限点、中心频点、频段下限点三个点的测试值，做平均后得到该频段的测试值。

7.2.5　前后增益比

前后增益比为天线法向极化增益与背向±30°内的极化增益最大值之差。

1. 测试方法及步骤

（1）测试方法同“极化增益测试”，设置矢量网络分析仪工作频点为 1 575.42 MHz±10.23 MHz，对测试系统链路进行校准。

（2）测试法向极化增益、背向±30°内的极化增益，计算法向极化增益与背向±30°内的极化增益最大值之差，记为天线的前后增益比。

（3）分别设置矢量网络分析仪工作频点为：1 561.098 MHz±10.23 MHz；1 227.60 MHz±10.23 MHz；1 268.52 MHz±10.23 MHz；1 176.45 MHz±10.23 MHz；1 602 MHz±5 MHz；1 246.0 MHz±5 MHz；1 207.14 MHz±10.23 MHz；1 542.5 MHz±17.5 MHz。分别重复步骤（1）～（2），测试天线前后增益比。

2. 评估方法

每个频段取频段上限点、中心频点、频段下限点三个点的测试值，做平均后得到该频段的测试值。

7.2.6　滚降系数

滚降系数为法向极化增益与水平方向极化增益之差。

1. 测试方法及步骤

（1）测试方法同“前后增益比测试”，设置网络分析仪工作频点为1 575.42 MHz±10.23 MHz，对测试系统链路进行校准。

（2）测试法向极化增益、水平方向极化增益，两者做差得到滚降系数。

（3）分别设置网络分析仪工作频点为：1 561.098 MHz±10.23 MHz；1 227.60 MHz±10.23 MHz；1 268.52 MHz±10.23 MHz；1 176.45 MHz±10.23 MHz；1 602 MHz±5 MHz；1 246.0 MHz±5 MHz；1 207.14 MHz±10.23 MHz；1 542.5 MHz±17.5 MHz。分别重复步骤（1）～（2）。

2. 评估方法

法向极化增益与水平方向极化增益做差得到滚降系数，每个频段取频段上限点、中心频点、频段下限点三个点的测试值，做平均后得到该频段的测试值。

7.2.7 低噪放电压驻波比

低噪放电压驻波比用来衡量低噪放阻抗失配的程度，表述反射信号的强度，其定义为沿线电压相邻的最大值与最小值之比。

1. 测试方法及步骤

（1）设置网络分析仪中心频率为 1 575.42 MHz，带宽为 10.23 MHz，对网络分析仪进行校准。

（2）按图 7-2 连接网络分析仪和低噪放。

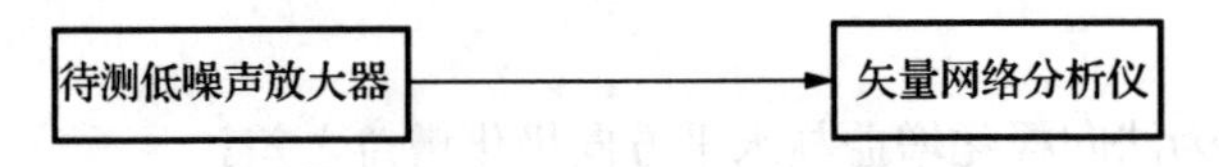

图 7-2 低噪放电压驻波比测试示意图

（3）在中心频率为 1 575.42 MHz，带宽为 10.23 MHz 下，测量低噪放电压驻波比，记录带宽内最大值作为测试结果。

（4）分别改变中心频率为：1 561.098 MHz±10.23 MHz；1 227.60 MHz±10.23 MHz；1 268.52 MHz±10.23 MHz；1 176.45 MHz±10.23 MHz；1 602 MHz±5 MHz；1 246.0 MHz±5 MHz；1 207.14 MHz±10.23 MHz；1 542.5 MHz±17.5 MHz。分别重复步骤（1）～（3），测试低噪放电压驻波比。

2. 评估方法

低噪放电压驻波比≤2。

7.2.8 噪声系数

噪声系数为在标准信号源激励下输入信噪比与输出信噪比之比，用来表述低噪放对系统的噪声贡献。

1. 测试方法及步骤

（1）将噪声源输入连接至噪声系数分析仪输出端口，并将输出连接至噪声系数分析仪输入端口，设置测试频点为 1 575.42 MHz，带宽为 10.23 MHz，校准噪声系数分析仪。

（2）按照图 7-3 所示，将噪声源与待测低噪放连接，在噪声系数分析仪显示器中显示噪声系数测试结果。

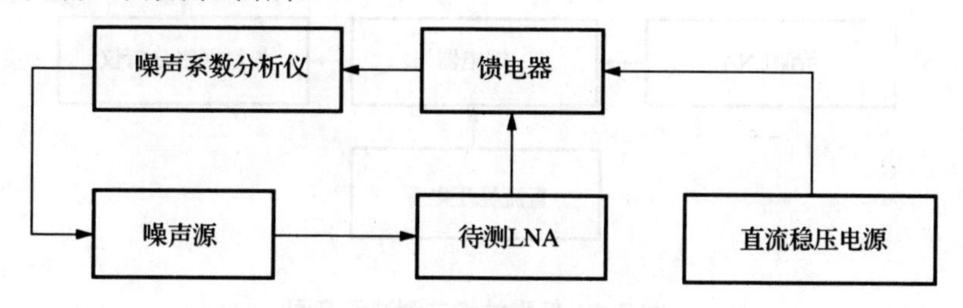

图 7-3 噪声系数测试示意图

（3）分别改变测试频率为：1 561.098 MHz±10.23 MHz；1 227.60 MHz±10.23 MHz；1 268.52 MHz±10.23 MHz；1 176.45 MHz±10.23 MHz；1 602 MHz±5 MHz；1 246.0 MHz±5 MHz；1 207.14 MHz±10.23 MHz；1 542.5 MHz±17.5 MHz。分别重复步骤（1）～（2），测试低噪放噪声系数。

2. 评估方法

记录频段内噪声系数最大值，即为该频段噪声系数，应≤1.5 dB。

7.2.9 增益

增益为低噪放在线性工作状态下，输出信号功率与输入信号功率的比值。

1. 测试方法及步骤

（1）设置测试频点为 1 575.42 MHz，带宽为 10.23 MHz，校准网络分析仪，网络分析仪输出功率设置为-50 dBm，以保证低噪放增益没有出现压缩。

（2）按图 7-4 所示，将直流稳压电源和待测低噪放通过馈电器相连，加电工作。

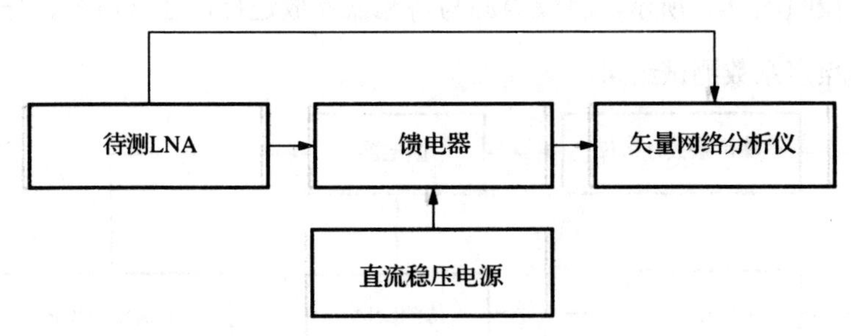

图 7-4 低噪放增益测试示意图

（3）连接网络分析仪和待测低噪放，测量并记录带宽范围内的最大增益 G_{max}、最小增益 G_{min} 和中心频点处增益值。

（4）分别改变测试频率为：1 561.098 MHz±10.23 MHz；1 227.60 MHz±10.23 MHz；1 268.52 MHz±10.23 MHz；1 176.45 MHz±10.23 MHz；1 602 MHz±5 MHz；1 246.0 MHz±5 MHz；1 207.14 MHz±10.23 MHz；1 542.5 MHz±17.5 MHz。分别重复步骤（1）～（3），测试低噪放增益。

2. 评估方法

低噪放增益应满足（40±2）dB。

记录中心频点处增益值、最大增益 G_{max} 及最小增益 G_{min}，然后将该三个增益取平均值，减 40 后再取绝对值作为测试结果。

7.2.10　带外抑制

带外抑制表述低噪放对通带以外信号的抑制程度。

1. 测试方法及步骤

（1）根据低噪放支持的工作频段选择 GNSS L1 频段的频率下限 FL1（1 525 MHz）和频率上限 FH1（1 607 MHz），GNSS L2 频段的频率下限 FL2（1 166.22 MHz）和频率上限 FH2（1 278.75 MHz）；

设置测试频点分别为 FL1-100 MHz、FL1、FH1、FH1+100 MHz，FL2-100 MHz、FL2、FH2、FH2+100 MHz；

校准网络分析仪，网络分析仪输出功率设置为-50 dBm，以保证低噪放增益没有出现压缩。

（2）将直流稳压电源和待测低噪放通过馈电器相连，加电工作。

（3）连接网络分析仪和待测低噪放，测量并记录各测试点的增益值。

2. 评估方法

带外抑制应≥40 dBc；

带外抑制（L1 下边频）$=G_{FL1}-G_{FL1\text{-}100\ MHz}$；

带外抑制（L1 上边频）=G_{FH1}-$G_{FH1+100\ MHz}$；

带外抑制（L2 下边频）=G_{FL2}-$G_{FL2-100\ MHz}$；

带外抑制（L2 上边频）=G_{FH2}-$G_{FH2+100\ MHz}$。

7.2.11 输出 1 dB 压缩点

输出 1 dB 压缩点是指低噪放在非线性区工作时，随着输入功率的增大，输出功率的增加值相比于线性增益低 1 dB 时的输入/输出功率值。

1. 测试方法及步骤

（1）将矢量网络分析仪设置为传输模式，将中心频率设置为 1 575.42 MHz，并打开功率扫描选项。

（2）连接直流稳压电源和待测低噪放，加电工作。

（3）将矢量网络分析仪与待测低噪放连接，功率扫描下限设置为-50 dBm，此时矢量网络分析仪显示一条直线，表示在此范围内增益没有出现压缩。

（4）逐渐增大功率，直至直线末端出现下弯，记录下降 1 dB 时的输出功率值。

（5）分别改变测试频率为：1 561.098 MHz、1 227.60 MHz、1 268.52 MHz、1 176.45 MHz，1 602 MHz；1 246.0 MHz；1 207.14 MHz，1 542.5 MHz。分别重复步骤（1）～（4），测试低噪放输出 1 dB 压缩点。

2. 评估方法

输出 1 dB 压缩点应≥0 dBm。

7.3　测试平台

对于高精度天线，其性能测试由基于室内微波暗室的天线远场测试系统实现，测试平台连接如图 7-5 所示，实物如图 7-6 所示。

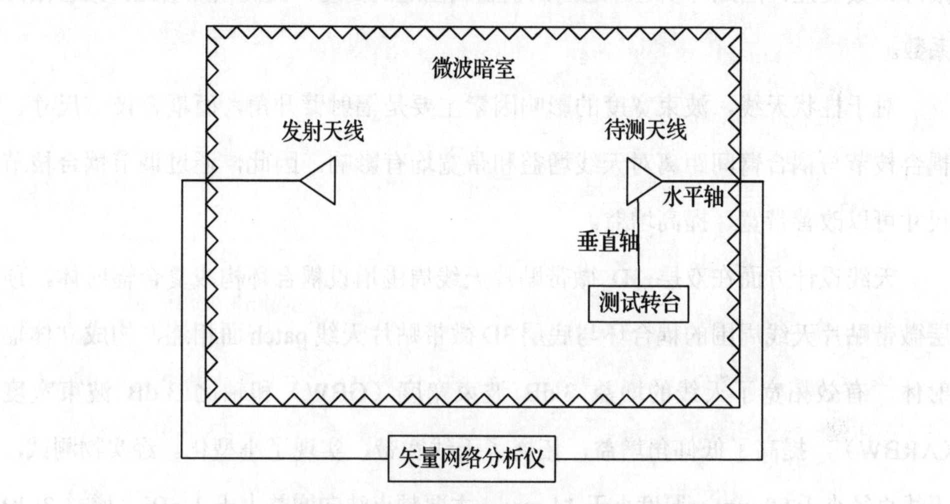

图 7-5　天线测试平台连接框图

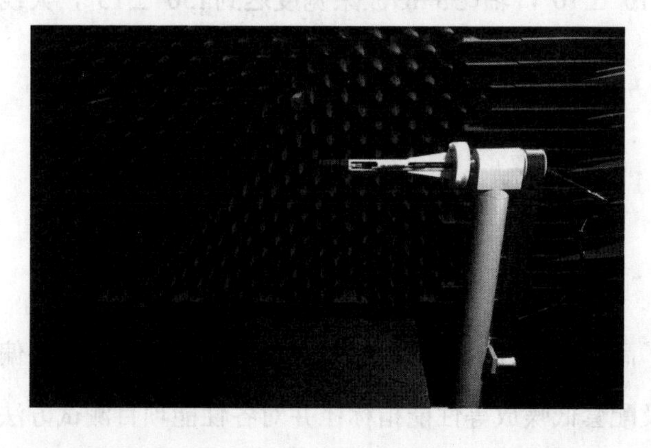

图 7-6　天线测试实物图

7.4 测试结果分析

对于扁平天线，栅栏状金属围边的高度对天线的波束宽度有明显的调节作用，当金属围边较高时，天线波束宽度较宽，导致顶点增益低、低仰角增益高、滚降系数变差，因此可以通过适当调整金属围边的高度，提高顶点增益，改善滚降系数。

对于柱状天线，波束宽度的影响因素主要是辐射臂升角，而耦合枝节尺寸、耦合枝节与耦合臂间距离对天线增益和带宽均有影响。因此，通过调节耦合枝节尺寸可以改善带宽、提高增益。

天线设计方面在双层 3D 微带贴片天线周围增设耦合环构成复合辐射体，顶层微带贴片天线周围的耦合环与底层3D微带贴片天线patch面相连，构成立体辐射体，有效拓宽了天线的增益 3 dB 波束宽度（GBW）和轴比 3 dB 波束宽度（ARBW），提高了低仰角增益，拓展了天线宽带，实现了小型化。经实物测试，天线直径小于 80 mm，厚度小于 14 mm，主要频点法向增益大于 1 dBi，增益 3 dB 波束宽度达到110°±10°，轴比3 dB波束宽度达到150°±15°，天线相位中心稳定性达到 1.7 mm。

7.5 小　结

本章描述了高精度天线的技术指标要求，主要包括相位中心偏差、轴比、增益、滚降系数及配套低噪放等性能指标；并对各性能项目测试方法进行了详细阐述，可指导高精度天线研发及生产测试等工作。

第八章

北斗基础产品应用

推进北斗规模化、产业化应用，涉及国家战略、产业政策、法律法规和行业发展等多个方面、多个主管部门，用户涵盖政府、行业、海外和大众，产品功能、性能要求各异，应用模式各有特点。

目前，北斗系统在交通运输、公共安全、救灾减灾、农林牧渔、城市治理等行业领域，以及电力、水利、通信基础设施建设等方面，已逐步形成深度应用、规模化发展的良好局面，正在全面赋能各行各业并实现显著效益。北斗也正在成为智能手机、可穿戴设备等大众消费产品定位功能的标配。国产华为、OPPO、VIVO、小米、努比亚、酷派等智能手机厂商均全面支持北斗系统应用。北斗地基增强功能已进入智能手机，可实现米级高精度定位，正在我国多个城市开展车道级导航试点应用。具备北斗三号短报文通信功能的大众手机也已面市，重新定义了手机应用功能，拓宽了手机通信方式。

截至2021年底，国产北斗兼容型芯片及模块销量已超过2亿片，季度出货量突破1 000万片，具有北斗定位功能的终端产品社会总保有量已超过 12 亿台/套（含智能手机）。2021 年国内分米、厘米级北斗高精度芯片和模块的总出货量持续增长，达到 120 万。伴随卫星导航基础产品的持续发展，国内建立并实施了北斗基础产品认证检测制度。

8.1 导航芯片应用

我国卫星导航领域企事业单位已开发了十余款兼容北斗的多系统多频点卫星导航定位芯片，定位精度涵盖毫米级、厘米级、分米级到米级，全方位满足地基增强、测量测绘、智能驾驶、驾考驾培、无人机、自动驾驶、机械控制、车载导航、行业授时、物联网、可穿戴及手机等市场领域对高性能、低成本、低功耗、高品质产品的需求。

（1）前装车载导航。

车载信息娱乐系统集信息服务、影音娱乐于一体，可向用户提供导航、定位、影音播放、故障检测、车身保养、应急救援等一系列功能。随着互联网即通信技术的演进，智能操作系统向车载领域的普及，以及语音交互应用的深入，车载信息娱乐系统也更加智能化，并和智能手机的用户习惯、海量应用逐步接轨。

GNSS 定位模组或芯片作为车载信息娱乐系统的核心组件，为其提供位置、速度及时间信息，GNSS 定位测速性能决定了相关功能的用户体验，尤其是地图导航。随着城市道路环境日益复杂，如路网密集、高楼林立、立体交通增多，且玻璃幕墙更加普遍等，对 GNSS 技术及产品提出了更高的要求；同时，车身高度智能化令车内电磁环境更加复杂，也要求 GNSS 产品具有更好的抗干扰能力和可靠性。

例如，基于国产导航芯片的组合导航定位模组，内置 3 轴陀螺 +3 轴加速度计的 MEMS 器件，嵌入组合导航算法，支持里程计信号接入，支持地图匹配反馈，基于 GPS、BDS 双系统卫星信号及多种传感信息进行组合定位，即使在地下停车场、隧道等卫星信号丢失的场景下仍能保持连续定位。

（2）物联网。

物联网设备之间通过传感器、通信、定位等技术，结合 AI 和大数据来分析处理，实现无须人员参与的自动工作模式，有效提高生产管理效率，使生活更智能和安全。位置信息和通信技术是物联网设备的核心，每个设备都是一个感知单元，系统根据感知单元所处位置发生的变化，联系其他所需感知单元，收集分析数据，做出反馈。

物联网设备所处环境的复杂多样性、安放位置的随意性、设备本身的小型化和超长的待机时间也对 GNSS 芯片提出了新的挑战。国产导航芯片可接入多种传感器进行融合定位，通过精准的场景及上下文识别，即使在恶劣信号环境仍能保证更快、更准的定位体验。GNSS 和通信的融合易于行业客户使用，可提高可靠性，缩减开发周期。

8.2　高精度模块应用

高精度应用市场持续发展，主要场景包括无人机、农机自动驾驶、智慧施工、测绘仪器、机器人、智能网联汽车等，正朝着泛在化和规模化的趋势发展。

（1）智能驾驶。

智能驾驶作为战略性新兴产业的重要组成部分，是工业革命和人工智能相结合的典型应用，将是未来解决交通拥堵的重要技术，并大大提高人们的生产效率和交通效率。高精度定位是智能驾驶中智能感知的重要组成部分，GNSS/INS 高精度定位为智能驾驶的车辆、设备提供了实时的高精度位置速度时间信息，结合高精度地图、高速通信及云计算等手段，为车辆的全局路径规划、各类传感器时间同步、智能泊车、立体智能交通等需求提供可靠的测量结果。

高精度 RTK 定位提供厘米级位置速度信息，双天线方案确定车身的航向，并与惯性器件融合，提供高频位置速度姿态及时间信息，在 GNSS 信号遮挡时也能连续定位，使用简便，初始化时间短，不受恶劣天气影响，在自动驾驶的多类融合方案中得到普遍应用。

国产的小型化、高性能、低成本高精度产品，提供领先的抗干扰性能和最大 100 Hz 的实时输出结果，并在结果中标识位置速度等精度的置信度，集成板载 MEMS IMU 和 U-Fusion 组合技术，有效解决因卫星信号失锁导致的定位结果中断等情况，进一步优化了在楼群、隧道和高架桥等复杂环境下定位定向输出的连续性和可靠性，方便智能驾驶系统对高精度传感器的融合应用；支持不同级别的板载惯性导航器件、支持外部里程计输入，为视觉传感器、激光雷达等传感器提供高精度的时间、位置、速度和姿态基准，高精度、低时延，保证自动驾驶车辆的高可靠性和安全性，适用于园区低速场景(园区物流车，清洁车、接驳车等)、智能驾驶乘用车、智能驾驶货运卡车等多个场景的大规模应用。

（2）无人机。

无人机系统（UAV）是指包含无人飞行控制平台、任务载荷、数据通信链、地面控制设备、数据处理系统、保障维护等部分在内的一整套可完成复杂任务目标的系统。无人机系统具有机动、灵活、安全、有效等特点，广泛应用于航空摄影测量、石油管道巡检、电力线路巡检、农业植保、林业防火、空中监视、应急通信、影视拍摄与家庭娱乐等领域。飞行控制系统是无人机实现自主飞行控制的关键，该系统性能优劣直接关系无人机的稳定性、数据传输的可靠性、位置精确度、实时性等，直接决定无人机飞行性能。在飞控系统中，GNSS 接收机作为最重要的传感器为无人机提供实时位置、机动方向、行进速度和时间信息。飞行控制系统利用 GNSS 接收机提供的实时高精度的位置信息、航行姿态、速度信息、精准时间信息，结合其他传感器信息进行综合分析处理信息并调整无人机引擎的转速及方向，从而控制无人机按照规划路线精确飞行，按照预设起飞降落点进行精准起飞、下降、着陆。在航空摄影测量、石油管道巡检、电力线路巡检、农业植保等领域，高精度 GNSS 设备已经逐渐成为无人机的标配。

国产高精度模块能够提供厘米级的实时定位精度、0.2（°）/1 m 基线的航向信息及纳秒级精度的时间信息，支持单模块双天线接入，具备双 RTK 引擎，可实现高精度定向及高可靠的双 RTK 实时定位，每个 RTK 引擎均为独立定位，可满足不同类型无人机在各种场景下的飞行需求。

8.3 宽带射频芯片应用

全球卫星导航系统中美国GPS和俄罗斯GLONASS已经实现了对全球定位服务，欧盟 GALILEO 处于全面组网建设阶段，随着我国北斗卫星导航系统致力于向全球用户提供高质量的定位、导航和授时服务，并加强北斗卫星导航系统与其他卫星导航系统的兼容与互操作，导航接收机必须实现从单系统接收向多系统兼容的跨越，多星多频高性能宽带接收是未来卫星导航终端发展的必然趋势。

目前及未来一段时间内我们可以接收的卫星导航信号主要来自四个系统，共八个频点，分别为“1 176.45”“1 207.140”“1 227.6”“1 246.437 5”“1 268.52”“1 561.098”“1 575.42”“1 602.562 5”（单位 MHz），如图 8-1 所示。各个导航频点的频率由低到高，依次间隔为 30 M、20 M、18 M、22 M、14 M、27 M。

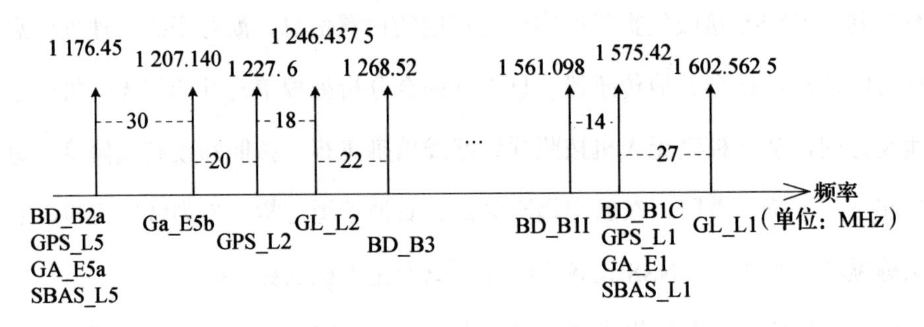

图 8-1　导航信号频谱分布

本节结合卫星导航信号接收特点将多频点卫星信号射频接收分为三个典型需求，即高集成度的宽带接收应用、低采样率高集成接收和测向定姿应用。

（1）高集成度的宽带接收应用。

采用单颗芯片即可完成四系统八频点卫星导航信号及 L-Band 星基增强信号接收,可应用于基于各种技术方案的高精度卫星导航定位应用。高集成度的宽带接收应用参数设置如表 8-1 所示。

表 8-1　高集成度的宽带接收应用参数设置

参数项	配置推荐
通道频点配置	CH1 和 CH3 采用 LO-L 频点，CH2 配置成 Hi-L 频点，CH4 设置为 L-Band
通道带宽设置	CH1、CH2、CH3 设置为±30 M；CH4 设置为 200 k
本振设置	各通道独立本振
采样率	不小于 80 M
ADC 选择	CH1、CH2、CH3 设置内部 2 bit，CH4 采用外部 adc
通道增益配置	内置 AGC 模式
外围电路配置	CH1、CH2、CH3 统一接收后功分，CH4 单独接收
芯片级联选择	单片设置

（2）多芯片级联应用。

采用 2 颗芯片即可完成四系统八频点卫星导航信号及 L-Band 星基增强信号接收,可应用于基于各种技术方案的高精度卫星导航定位应用，如 RTK、PPP 等。级联芯片接收应用参数设置如表 8-2 所示。

表 8-2　级联芯片接收应用参数设置

参数项	配置推荐
通道频点配置	芯片 A：CH1 和 CH3 配置 LO-L 频点，CH2 和 CH4 配置成 Hi-L 频点 芯片 B：CH1 和 CH3 采用 LO-L 频点，CH2 配置成 Hi-L 频点，CH4 设置为 L-Band
通道带宽设置	芯片 A：CH1、CH3、CH4 设置为±10 M；CH2 设置为±20 MHz 芯片 B：CH1、CH2、CH3 设置为±10 M；CH4 设置为 200 kHz

续表

参数项	配置推荐
本振设置	各通道独立本振
采样率	不小于 50 MHz
ADC 选择	芯片 A:内部 2 bit 芯片 B:CH1、CH2、CH3 设置内部 2 bit，CH4 采用外部 adc
通道增益配置	内置 AGC 模式
外围电路配置	芯片 A 的四通道和芯片 B 的 CH1、CH2、CH3 统一接收后功分，芯片 B 的 CH4 单独接收
芯片级联选择	两片级联，主芯片提供采样时钟，从芯片设置为采样时钟输入模式
接收机架构选择	零中频

（3）多模多频定向导航接收机。

目前在轨运行的多个卫星导航系统丰富和拓展了卫星导航姿态测量技术，并为多模式组合、实现不间断和高精度姿态测量提供现实支撑。多模多频 GNSS 射频芯片具备 1、3 和 2、4 通道共享本振，单颗芯片即可提供隔离度大于 55 dB 的双频双通道射频信号接收，支持整机实现基于 GNSS 系统的姿态测量，为载体提供连续、可靠、高精度的位置、速度、时间和姿态信息。

8.4 天线应用

高精度天线可应用在车载导航、内置测量测绘天线、无人机螺旋天线、多功能组合螺旋天线等领域，满足不同应用场景下的高精度定位定向需求。

（1）小型化车载天线应用。

小型化车载天线应用主要应用场合包括农用机械、矿山机械等车载应用场景，如图 8-2 所示，天线直径 90 mm，高度 19.3 mm，工作频段覆盖四系统全频段；防水等级达到 IP67，具有良好的环境适应性；具有性能高、体积小、可靠性高、安装方便等特点。

图 8-2 车载天线产品示意图

（2）小型化内置测量天线。

小型化内置测量天线如图 8-3 所示，天线直径 90 mm，工作频段覆盖四系统全频段，能够实现毫米级定位精度。该类天线适用于 RTK 接收机小型化设计，可广泛应用于大地测绘、海洋测量、航道测量、疏浚测量、地震监测、桥梁变形监控、山体滑坡监测、码头集装箱作业等场景。

图 8-3 内置天线产品示意图

（3）四系统全频四臂螺旋天线。

四系统全频四臂螺旋天线如图 8-4 所示，天线直径 43 mm，高度 85 mm，防水等级 IP67，具有抗跌落、防水等特点，可应用于农用机械的定位定向、自动驾驶等方面。

图 8-4　四臂螺旋天线产品示意图

（4）低剖面无人机天线。

低剖面无人机天线如图 8-5 所示，天线直径 44 mm，整体高度 31.7 mm，可广泛应用于测量测绘、导航调度等行业，尤其适用于轻型无人机的诸多应用场景，如航拍、远程遥测、灾情监视、交通巡逻、治安监控等。

图 8-5　低剖面无人机天线产品示意图

8.5 小　结

通过国内产学研多年来的集智攻关，我国已经实现了卫星导航基础产品的自主可控，形成了较为完整的产业链。中国卫星导航系统管理办公室根据北斗专项民用基础产品研制进展，组织第三方测试机构，依据相关产品测试标准要求，对民用基础产品进行了测试评估，有力支撑了《北斗三号民用基础产品推荐名录（1.0 版）》的形成，可为用户提供导航定位、星基增强、地基增强、精密单点定位、组合导航等多种功能。伴随着移动互联网、大数据、云计算、物联网等新技术新业态的发展，卫星导航基础产品的融合应用逐步加强，取得了显著效益，满足了手机、可穿戴式设备、车载导航和车载监控、测量测绘、精准农业等大众消费类或行业的应用需求。

参考文献

[1] 邱厚童. MIMO 天线阵耦合特性及去耦合研究[D]. 青岛: 山东科技大学, 2016.

[2] 高雅. 小型化多频段手机天线的研究与设计[D]. 合肥: 安徽大学, 2016.

[3] 尹飞. TD 移动终端天线设计与研究[D]. 上海: 上海交通大学, 2014.

[4] LU J, GUO X, SU C G. Global capabilities of BeiDou navigation satellite system[J]. Satellite navigation, 2020, 1(1): 27.

[5] 方秀花, 尹志忠, 李芸, 等. 2013 年国外卫星军事应用装备发展综述[J]. 卫星应用, 2014(5): 24-31.

[6] LI X X, WANG H D, LI S Y, et al. GIL: A tightly coupled GNSS PPP/INS/LiDAR method for precise vehicle navigation[J]. Satellite navigation, 2021, 2(1): 26.

[7] 吴晓明. 船用北斗导航系统终端定位性能的检测验证[J]. 中国航海, 2020, 43(4): 89-93.

[8] 朱毅麟. 产品型谱初探[J]. 航天标准化, 2005(2): 5-7.

[9] 张军. 小型多频段和宽频带微带天线的研究与设计[D]. 太原: 太原理工大学, 2017.

[10] 郑颖. 低功耗近海渔船监控终端的设计与实现[D]. 北京: 北京工业大学, 2012.

[11] 李岱若, 徐慨, 杨海亮, 等. 基于仿真对透明转发器的干扰分析[J]. 指挥控制与仿真, 2017, 39(5): 93-99.

[12] 乐亮, 杨丹, 罗银, 等. 北斗导航定位软件自动化测试框架设计[J]. 现代计算机(中旬刊), 2015(9): 14-17.

[13] 邵要华. 无线接收机中镜像抑制滤波器的设计与实现[D]. 西安: 西安电子科技大学, 2011.

[14] 李佳阳. 应用于 WSN 节点的中频滤波电路模块的设计[D]. 南京: 南京邮电大学, 2018.

[15] 高树廷, 刘洪升. 相位噪声分析及对电路系统的影响[J]. 火控雷达技术, 2003, 32(2): 58-63.

[16] 饶维克. 晶体振荡器的无源抗振研究[D]. 成都: 电子科技大学, 2011.

[17] 任义. 用于无线鼠标系统的频率合成器的设计[D]. 天津: 南开大学, 2009.

[18] 黄浩, 蔡戬, 卢列文, 等. 促进北斗卫星导航产品认证服务, 提升北斗卫星导航产品质量[J]. 科学技术创新, 2019(3): 38-39.

[19] 陈飚. 时空数据, 赋能未来: 第十二届中国卫星导航年会在南昌召开[J]. 卫星应用, 2021(6): 64-65.

[20] 胡梅, 李晓宇, 陈建云. 采样噪声对北斗全球信号测距误差的影响分析[J]. 仪器仪表学报, 2019, 40(9): 180-188.

[21] 唐斌, 李金龙, 贾小敏, 等. 北斗三号系统精密单点定位服务解析与应用[J]. 导航定位与授时, 2021, 8(3): 103-108.

[22] 潘宇明, 张小红, 李盼, 等. 接收机类型对精密单点定位收敛速度的影响分析[J]. 导航定位学报, 2015, 3(1): 46-51.

[23] 刘爱元, 戴洪德, 卢建华, 等. 组合导航系统模拟器中的卡尔曼滤波设计[J]. 计算机与数字工程, 2014, 42(9): 1649-1652.

[24] 孙柏虹. 基于 MEMS 的捷联航姿系统初始对准技术研究[D]. 哈尔滨: 哈尔滨工程大学, 2010.

[25] 李文龙, 熊智, 孙瑶洁, 等. 采用自适应滤波的天文/惯性/北斗导航算法[J]. 航空计算技术, 2019, 49(2): 46-49.

[26] 张琰. 基于软件无线电的 WCDMA 数字中频和 HSDPA 基带信号处理技术[D]. 上海: 上海交通大学, 2003.

[27] 王田, 夏天, 张书锋, 等. 导航终端测试技术研究综述[J]. 计测技术, 2015, 35(4): 6-9.

[28] 国际, 王田, 刘成, 等. 浅谈 GNSS 测试方案设计[J]. 数字技术与应用, 2019, 37(7): 166-168.

[29] 褚兰根. 北斗高精度技术在危旧房场景应用方案[J]. 建设科技, 2016(6): 24-28.

[30] 朱毅麟. 以科学发展观为指导建立航天器产品型谱[J]. 中国航天, 2007(6): 29-32.

[31] 周威. 欧洲航天产品的出口控制及法律框架[J]. 中国航天, 2007(6): 26-29.

[32] 夏天, 刘英乾, 杨文彬, 等. RNSS 射频基带一体化芯片测试方法研究[J]. 计测技术, 2015, 35(5): 49-51.

[33] 刘英乾, 夏天, 杨文彬. 三类北斗基础产品评测报告[J]. 卫星与网络, 2014(1): 30-34.

[34] 王式太, 殷敏, 鲁金金. GPS 网络 RTK 误差源分析[J]. 中国水运(下半月), 2014, 14(1): 70-72.

[35] 李倬, 柯伦, 孟松, 等. 航天新产品开发及产品更新换代的院级管理[J]. 质量与可靠性, 2012(5): 46-49.

[36] 张志鹏, 张超, 刘铁锋. 一款深亚微米射频 SoC 芯片的后端设计与实现[J]. 微处理机, 2017, 38(6): 1-6.

[37] 李亚楠. 无线通信网络中定位技术的研究及实现[D]. 南京: 东南大学, 2014.

[38] 刘欢. 弹载 MIMO 雷达实时信号处理机研制[D]. 西安: 西安电子科技大学, 2019.

[39] 范晶. 北斗卫星导航接收机中信号的捕获与跟踪实现[D]. 西安: 西安电子科技大学, 2017.